Schäffer & Schäffer | Ein Garten für Insekten

Anita & Norbert Schäffer

Ein Garten für Insekten

Schmetterlinge, Libellen und andere Wirbellose fördern, beobachten und schützen

Aula-Verlag GmbH Wiebelsheim

Die Angaben in diesem Buch sind vom Autor und dem Verlag sorgfältig erwogen und geprüft, dennoch kann keine Garantie übernommen werden. Eine Haftung des Autors bzw. des Verlags und seiner Beauftragten für Personen-, Sach- und Vermögensschäden ist ausgeschlossen.

Bibliografische Information der Deutschen Nationalbibliothek
Die Deutsche Nationalbibliothek verzeichnet diese Publikation in der Deutschen Nationalbibliografie; detaillierte bibliografische Daten sind im Internet über http://dnb.d-nb.de abrufbar.

Die Vorauflage erschien unter dem Titel: *Schmetterlinge, Libellen und andere Wirbellose im Garten. Bestimmen – Beobachten – Schützen.*

Umschlagabbildungen: alle Abbildungen von W. Willner,
Hintergrundbild vorne: pixelio.de/B. Friesacher
Druck und Verarbeitung: Belvédère Print & Packaging b.v., Niederlande
Printed in Europe/Imprimé en Europe
ISBN 978-3-89104-824-5

Inhalt

Inhalt

Vorwort

Wirbellose finden sich eher selten auf den Titelseiten von Natur- und Naturschutzmagazinen, obwohl weltweit etwa 95% aller Tierarten zur großen Gruppe der Wirbellosen zählen und somit den Großteil der weltweiten Artenvielfalt ausmachen. Eine bemerkenswerte Ausnahme bilden seit einigen Jahren Insekten, insbesondere Bienen. Deutlich wurde dies durch die immense Aufmerksamkeit, die eine Studie von Mitgliedern des Entomologischen Vereins Krefeld in Öffentlichkeit und Politik ausgelöst hat. Die ehrenamtlichen Insektenkundler konnten in jahrzehntelangen Versuchen zeigen, dass die Biomasse der Fluginsekten in ihren Fallen in einem Zeitraum von 27 Jahren um Dreiviertel zurückgegangen ist. Das Thema Insektensterben war daraufhin in aller Munde und hat beispielsweise auch Einzug in Koalitionsverträge auf Bundesebene sowie in Bayern gefunden. Im Winter 2018/2019 war ein von zahlreichen Institutionen und Verbänden, unter der Trägerschaft von ÖDP, Landesbund für Vogelschutz in Bayern (LBV), den Grünen sowie der Gregor Louisoder Umweltstiftung in Bayern durchgeführtes Volksbegehren zum Thema „Artenvielfalt – Rettet die Bienen" spektakulär erfolgreich: in nur zwei Wochen trugen sich rund 1,75 Millionen Menschen und damit 18,3 % der wahlberechtigten Bevölkerung Bayerns in ihren Rathäusern in entsprechende Listen ein und erzwangen hierdurch ein beeindruckendes Gesetzespaket zum Schutz der Biologischen Vielfalt, insbesondere der Insekten, im Freistaat.

Wirbellose leben natürlich auch in unseren Gärten, wo sie häufig gar nicht erst wahrgenommen oder beachtet werden. Das Wissen der meisten Gartenbesitzer beschränkt sich in der Regel auf das Erkennen von „Schmetterlingen, Käfern, Hummeln, Spinnen und Schnecken" – letztere werden dabei fast immer mit Abneigung betrachtet. Ein etwas genauerer Blick auf Wirbellose in Gärten eröffnet jedoch eine faszinierende Welt. Aus dem „Schmetterling" wird ein Distelfalter, der dieses Frühjahr aus Nordafrika oder dem Nahen Osten zu uns geflogen ist. Der „Käfer" ist plötzlich ein Maikäfer, dessen Entwicklungszyklus sich bedingt durch den Klimawandel von vier auf drei Jahre verkürzt hat. Oder ein „Ostasiatischer Marienkäfer", die erst vor ein paar Jahren zur „biologischen Schädlingsbekämpfung" in Gewächshäusern eingeführt wurden und sich jetzt explosionsartig vermehren und ausbreiten. Die „Hummel" im Frühjahr entpuppt sich als Erdhummelkönigin auf der Suche nach einem geeigneten Neststandort, und die „Spinne" wird als männliche Wolfspinne bei der Balz bestimmt. Anhand der Schnirkelschnecken kann sogar das Prinzip der natürlichen Auslese und Charles Darwins Theorie der Entwicklung der Arten nachvollzogen werden.

Mit unserem Buch wollen wir ein wenig dazu beitragen, die Welt der wirbellosen Mitbewohner unserer Gärten etwas genauer wahrzunehmen und zu beobachten. Hierzu werden Möglichkeiten zur Bestimmung und Beobachtung aufgezeigt. Es handelt sich jedoch nicht um ein Bestimmungsbuch – hier sei auf die zahlreiche Fachliteratur im Handel verwiesen – sondern es werden nur einige Arten einzelner Gruppen genauer beschrieben, die in den meisten (naturnahen) Gärten dem Naturfreund leicht begegnen. Auf keinen Fall soll das Buch zum Sammeln von bunten Schmetterlingen oder Käfern aufrufen. Vielmehr möchten wir die Schönheit im Spinnennetz, den Pelz einer Hummel oder das Goldauge der Florfliege dem Betrachter näherbringen – Natur erleben vor der eigenen Haustür für Groß und Klein ist das Motto.

Wir werden oft gefragt, was man für Wirbellose, insbesondere Insekten, in seinem Garten tun kann. Hierzu haben wir in diesem Buch einige Tipps zusammengetragen. Zusammenfassend kann man sagen, dass „nichts-tun" am besten ist: nicht (zu oft) mähen, keine Chemie, kein Runterschneiden, einfach wachsen und sich entwickeln lassen und dies ganz genau beobachten.

Vielleicht entsteht ja durch die Lektüre dieses Buches bei dem einen oder anderen Leser eine Begeisterung für diese oftmals so wenig beachteten Tiere, sodass im eigenen Garten zukünftig auf Schädlingsbekämpfung verzichtet wird und keine Spinnen oder Asseln im Hausflur mehr mit dem Staubsauger gejagt werden. Vielleicht findet der eine oder andere sogar so viel Gefallen an der faszinierenden Welt der Wirbellosen, dass er oder sie ehrenamtlich an der Erfassung einzelner Arten mitwirkt. Nicht wenige Schnecken, Käfer, Schmetterlinge und Spinnen zählen schon jetzt zu bedrohten Arten.

Wir wünschen Ihnen viel Spaß beim Erkunden und Entdecken!

Anita und Norbert Schäffer

Wirbellosenfreundlicher Garten mit Blüten, Mauern, Sand und Insektenhotel.

Einführung ins Reich der Wirbellosen

Die meisten Gartenbesitzer werden viele der größeren Tiere kennen, die in ihrem Garten leben. Hierzu zählen neben Vögeln und Säugetieren vielleicht auch Amphibien oder Reptilien. Sie alle gehören aufgrund bestimmter Körpermerkmale zu den sogenannten „Wirbeltieren". Wesentlich weniger auffällig und bekannt ist dagegen das große Heer der „Wirbellosen", welches beispielsweise Insekten, Spinnen, Schnecken und Würmer umfasst. Aber gerade diese Tiergruppe eröffnet ein weites Feld neu zu entdeckender, lebendiger Vielfalt in Gärten. Nicht alle Vertreter dieser Gruppe sind beliebt, manche regelrecht verfolgt, alle jedoch gehören zum Ganzen und sollten mit Respekt behandelt werden.

Definition Wirbellose
Alle mehrzelligen Tiere ohne Wirbelsäule gehören zu den Wirbellosen oder Invertebraten. Der Begriff „Wirbellose" bezeichnet keine einheitliche Gruppe verwandter Tierarten. Zu den Wirbellosen zählen so unterschiedliche Tiere wie Quallen, Würmer und Schmetterlinge.

Lange Entwicklungsgeschichte

Vor etwa 700 Millionen Jahren, gegen Ende einer erdgeschichtlichen Phase mit dem Namen „Proterozoikum", entwickelten sich aus im Wasser lebenden Einzellern die ersten Lebewesen, deren Körper aus mehr als nur einer Zelle bestanden. Diese ersten Vielzeller waren Schwämme. Fossilienfunde belegen, dass vor etwa 500 Millionen Jahren zu Beginn des Erdaltertums (Paläozoikum) eine Vielzahl wirbelloser Tierarten auf der Erde lebte. Man geht davon aus, dass alle Formen heute existierender Wirbelloser bereits zu dieser Zeit vorhanden waren. Die ersten Wirbeltiere, nämlich Fische, traten vor etwa 450 Millionen Jahren auf. Wirbellose waren die alleinigen Herrscher für mehr als 250 Millionen Jahre! Damals wie heute sind Wirbellose für funktionierende Ökosysteme unverzichtbar.

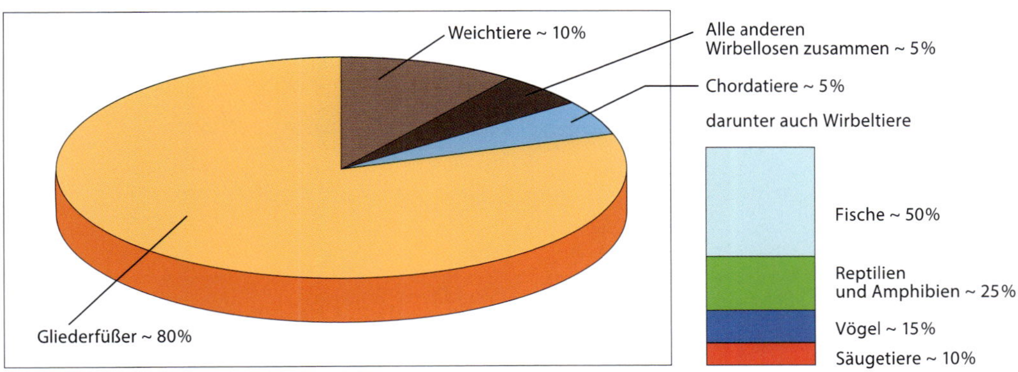

Etwa 80 % aller auf der Erde vorkommender Tierarten sind Gliederfüßer.

Der überwiegende Anteil aller bekannten Tierarten besitzt keine Wirbelsäule, Schätzungen vermuten heute 25 bis 30 Millionen Arten Wirbelloser weltweit, von denen die meisten noch auf ihre Entdeckung warten. Systematisch ist die Gruppe der Wirbellosen in etwa drei Dutzend Tierstämme mit ihren jeweiligen Unterstämmen, Klassen, Unterklassen usw. unterteilt. Die Vertreter vieler dieser Stämme besitzen keine Beine und leben im Meer. Ein Großteil der Wirbellosen im Garten ist mikroskopisch klein und nie zu sehen. Lässt man die Vielzahl der mit bloßem Auge nicht erkennbaren Lebewesen der Boden- und Streuschichten außer Acht, so konzentrieren sich die meisten, umgangssprachlich „Krabbeltiere", „Geziefer" oder, nach dem englischen Begriff „mini beasts", „Minibiester" genannten Wirbellosen in Haus und Garten in den Stämmen der Ringelwürmer, Gliederfüßer und Weichtiere.

Verwirrung mit System

Die systematische Einteilung dieser Vielzahl von Lebewesen vom Reich der Tiere (im Gegensatz zu Pflanzen) bis hin zu Familien und letztendlich Arten dient vor allem der Verständigung in der Zoologie. Das System der Einteilung kann recht verwirrend sein, am wichtigsten sind jedoch die Artnamen. Alle bekannten Tierarten sind mit meist zweiteiligen, lateinischen Namen benannt. Hierbei steht der erste Name für die Gattung, der zweite für die Art.

Systematik am Beispiel Erdhummel

Reich	Tiere (Animalia)
Unterreich	Vielzeller (Metazoa)
Abteilung	Gewebetiere (Eumetazoa)
Unterabteilung	Bilateralsymmetrische Tiere (Bilateria)
Stammgruppe	Urmünder (Protostomia)
Überstamm	Häutungstiere (Ecdysozoa)
Stamm	Gliederfüßer (Arthropoda)
Unterstamm	Tracheentiere (Tracheata)
Überklasse	Sechsfüßer (Hexapoda)
Klasse	Insekten (Insecta)
Überordnung	Neuflügler (Neoptera)
Ordnung	Hautflügler (Hymenoptera)
Überfamilie	Bienen und Grabwespen (Apoidae)
Serie	Bienen (Apiformes)
Familie	Apidae
Unterfamilie	Apinae
Gattung	Hummeln (Bombus)
Art	Gartenhummel *Bombus hortorum* **Erdhummel *Bombus terrestris*** Ackerhummel *Bombus pascuorum* Steinhummel *Bombus lapidarus*

Erdhummeln zählen wie alle Insekten zu den Gliederfüßern.

So sind Verwandtschaftsverhältnisse relativ leicht auf einen Blick festzustellen. Dies kann sehr aufschlussreich sein, wenn bestimmte Merkmale in Aussehen oder Lebensweise nicht artspezifisch sind, sondern für eine ganze Familie gelten. Im Gegensatz zu fast allen Wirbeltieren, die neben ihrer wissenschaftlichen Artbezeichnung auch allgemein gebräuchliche Namen in den meisten Landessprachen ihrer Verbreitungsgebiete erhalten haben, sind viele Wirbellose, insbesondere weniger häufige, unauffällige oder sehr seltene Arten, nur mit wissenschaftlichen Artnamen versehen. Namen sind besonders wichtig für Aufzeichnungen – zur Entdeckung der Wunderwelt dieser kleinen Tiere braucht man zunächst nur Geduld, Neugier und die Fähigkeit zum Staunen. Nachdem das eine oder andere Lebewesen mithilfe eines guten Fachbuchs näher bestimmt ist, ergibt sich der Gebrauch von deutschen und auch lateinischen Namen ganz von selbst.

Etwa 80% aller Wirbellosen sind Gliederfüßer (Arthropoda). Kein Wunder also, dass auch die meisten der in diesem Buch behandelten Tierarten zum Stamm der Gliederfüßer zählen. Gliederfüßer zeichnen sich durch ihr hartes Äußeres und gegliederte Beine aus. Das sogenannte Exoskelett (exo = außen) besteht aus Chitin und wird aus mehreren Segmenten gebildet, die sich wie die Teile einer Ritterrüstung ineinander verschieben bzw. ausziehen lassen und so Beweglichkeit gewährleisten. Namensgebend für alle Angehörigen dieses Stammes sind die gegliederten Beine. Oftmals werden Gliederfüßer gleichgesetzt mit Insekten, dies ist jedoch falsch. Neben den Insekten zählen auch die Spinnentiere, Krebse und Tausendfüßer zu den Gliederfüßern, die sich in erster Linie durch die Anzahl ihrer Beine unterscheiden lassen.

Alle Insekten haben sechs Beine, die bei den ausgewachsenen Tieren deutlich gegliedert sind.

Lange Zeit zählten alle Tiere mit sechs Beinen zu den Sechsfüßern (Hexapoda). „Sechsfüßer" wurde als Synonym für „Insekten" benutzt. Erst seit wenigen Jahren gelten die Sechsfüßer systematisch als Überklasse, die in die vier Klassen Insekten, Doppelschwänze, Beintastler und Springschwänze aufgeteilt ist. Innerhalb der Sechsfüßer ist bei Doppelschwänzen, Beintastlern und Springschwänzen eine sogenannte Mundtasche ausgebildet, die den Insekten fehlt. In der klassischen Systematik werden daher die Insekten als Freikiefler (Ectognatha) der Gruppe der Sackkiefler (Entognatha) gegenübergestellt, aber auch diese systematische Einteilung ist noch im Wandel. Da Doppelschwänze fast ausschließlich in den Tropen leben und Beintastler und Springschwänze zwar in der Laub- bzw. Bodenschicht im Garten vorkommen, aber in diesem Buch nicht behandelt werden, sei hier auf die Vereinfachung „Sechsfüßer" gleich „Insekten" zurückgegriffen.

Einfache Hilfe zur groben Bestimmung von Gliederfüßern

1	Keine Beine	Kein Gliederfüßer
2	Gegliederte Beine	Gliederfüßer
a	Unzählige Beine	Tausendfüßer und Verwandte
b	Mehr als acht Beine	Krebstiere
c	Acht Beine	Spinnentiere
d	Sechs Beine	Insekten

Insekten zeichnen sich in der Regel auch durch ihre Fähigkeit zum Fliegen aus. Wenn das Tier Flügel hat, ist es mit Sicherheit ein Insekt. Aber nicht alle Insekten haben Flügel, dies gilt vor allem für deren Larvenstadien. Hier tritt Regel Nr. 2d in Kraft: Hat das Lebewesen sechs Beine, ist es ein Insekt. Bei Larven kann das Zählen von Beinen und anderen Hautausstülpungen jedoch in die Irre führen, da echte Beine und sogenannte ungegliederte Bauchbeine unterschieden werden. Insektenlarven besitzen keine Flügel, diese erhalten die Tiere erst während des letzten Stadiums der sogenannten Metamorphose, der Umwandlung der Larvengestalt in die endgültige Erwachsenengestalt.

Larven und Nymphen, wie die der Großen Königslibelle, sind flügellos …

… erst die erwachsenen Tiere sind durch Flügel eindeutig als Insekten zu bestimmen.

Metamorphose

Eines der großen Wunder im Tierreich bleibt die Umwandlung vom Ei über Raupe und Puppe zum Schmetterling. Viele weitere Insekten (z. B. Käfer, Hautflügler, Zweiflügler) betreiben Metamorphose, aber auch andere Wirbellose wie z. B. die zu den Stachelhäutern zählenden Seeigel und sogar einige Wirbeltiere wie die Froschlurche. Bei der Metamorphose werden zwei Formen unterschieden, die allmähliche Umwandlung (hemimetabole Metamorphose) und die vollkommene Umwandlung (holometabole Metamorphose). Der Unterschied liegt im Grad der bereits im Larvenstadium vorhandenen Merkmale des ausgewachsenen Lebewesens. Bei einigen Insektenarten, z. B. Libellen, entwickeln sich erst während des letzten Stadiums der Metamorphose die Flügel, die das erwachsene Tier nach der letzten Häutung kennzeichnen. Die Umwandlung geschieht nur unvollkommen, die einzelnen Stadien werden Nymphen genannt. Das typische Beispiel der Schmetterlinge zeigt dagegen eine vollkommene Umwandlung der Larve in ein komplett neues Lebewesen. Während des Zwischenstadiums als Puppe löst sich das Tier innerhalb eines Kokons auf und es entsteht ein bis auf wenige Zellansammlungen vollkommen neues Lebewesen.

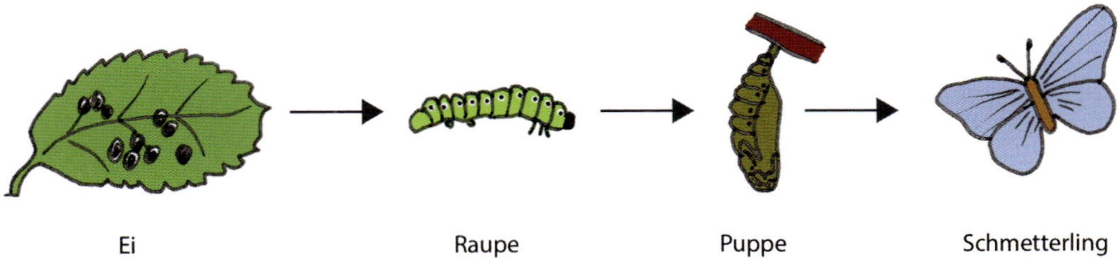

Entwicklungszyklus der Schmetterlinge.

Wirbellose im Gefüge der Natur

Im Ökosystem erfüllen die einzelnen Tierarten die unterschiedlichsten wichtigen Aufgaben. Viele Wirbellose, die sich selbst von Pflanzen oder totem organischen Material ernähren, stehen am unteren Ende von weitreichenden und weitverzweigten Nahrungsketten. Der Großteil der mikroskopisch kleinen Lebewesen im und auf dem Boden erfüllt mit der Verwertung toten organischen Materials eine wichtige Aufgabe im Gefüge der belebten sowie der unbelebten Natur.

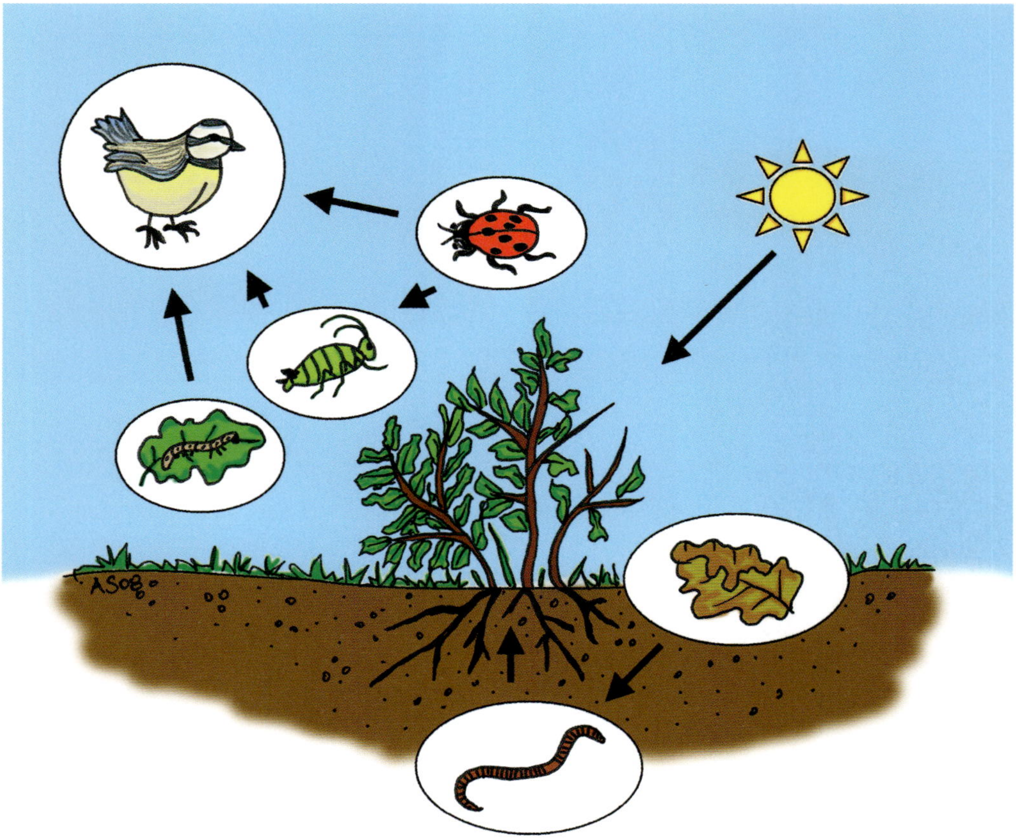

Nahrungsketten und -netze verdeutlichen schematisch die Beziehungen einzelner Tiere und Pflanzen untereinander. Fehlt ein Glied in der Kette, sind die Auswirkungen oft weitreichend.

Zerbrechliche Vielfalt

Die Auswirkungen von Chemikalieneinsatz sind leicht verständlich. Fehlt ein Teil der Nahrungskette, so kann das weitreichende Folgen haben.

Seit der Veröffentlichung der sogenannten Krefelder-Insektenstudie (Hallmann et al. 2017) ist das Thema Insektensterben auch in der Öffentlichkeit, in Medien und der Politik angekommen. Ehrenamtliche Insektenkundler des Entomologischen Vereins Krefeld haben nach jahrzehntelanger Datenerhebung gezeigt, dass die Biomasse an Fluginsekten in den vergangenen 27 Jahren um Dreiviertel

abgenommen hat. Wohlgemerkt, die Biomasse der Insekten und nicht etwa die Anzahl von Arten. Insekten nehmen im Gefüge der Natur eine ganz zentrale Rolle ein. Diese reicht von der Bestäubung von Blüten bis hin zum Abbau von organischem Material. Der Zusammenbruch unserer Insektenbestände ist äußert bedenklich, weil diese Gruppe, mit Ausnahme der Weltmeere, in so gut wie allen Lebensräumen vorkommt und den Zustand unserer Umwelt insgesamt widerspiegelt.
Auch eingeschleppte Tierarten können z.T. schwerwiegende Auswirkungen mit sich bringen, die nur schwer abgeschätzt werden können. Mit zunehmender Mobilität über Kontinente hinweg ist Einschleppung ein weit verbreiteter Vorgang. Nicht alle so verbrachten Tierarten etablieren sich jedoch fern ihres natürlichen Vorkommensgebiets, wo sie sich in ihrem angestammten Lebensraum mit seiner Tier- und Pflanzenwelt entwickelt haben. Beispiele aus der Reihe der sogenannten Neozoen sind Harlekinmarienkäfer, Kastanien-Miniermotte oder Buchsbaumzünsler (s. auch Kapitel „Probleme", S. 160).

Viele Vogelarten, wie z.B. der Zaunkönig, ernähren sich selbst oder ihre Jungen mit Insekten und anderen Wirbellosen.

Wetter und Jahreszeiten

Sonne, Regen und Wirbellose

Insekten und zahlreiche andere Wirbellose zählen zu den wechselwarmen Tieren oder Kaltblütern, d.h. sie können keine eigene Körperwärme durch Verbrennen von Energie erzeugen, ihre Körpertemperatur ändert sich mit der Umgebungstemperatur. Daraus ergibt sich auch für die meisten in Gärten vorkommenden Arten eine gesteigerte Aktivität bei schönem, warmem Sonnenwetter gegenüber kalter Witterung und Regen. Dies gilt vor allem für Insekten, an trockenen Sommertagen fliegt und krabbelt es überall. Tagfalter beispielsweise fliegen nur an warmen, sonnigen und möglichst windstillen Tagen, ebenso wie viele Hautflügler und Heuschrecken. Jagdspinnen und Springspinnen, die keine Netze bauen, gehen auf Beutezug. Auch nachtaktive Falter bevorzugen höhere Temperaturen, obwohl sie in Anpassung an die kühleren Grade nachts ihre Körper durch Muskelzittern erwärmen können. Bei Wind und Regen wird man trotzdem selbst mit Zuckerlösung keine Schwärmer anlocken. All diese Tiere sind auch an Regentagen im Garten, gut geschützt an trockenen Plätzen.

Den meisten Insekten macht Regen wenig aus. Trotzdem verbringen viele Arten regnerisches Wetter an gut geschützten Plätzen, wahrscheinlich da das Fliegen mit nassen oder feuchten Flügeln schwerer fällt. Schmetterlinge fliegen vor anstehenden Regenschauern sogar besonders hektisch umher und suchen sich dann einen sicheren Unterschlupf. Bei feuchtem Wetter werden andere Wirbellosenarten

Tautropfen machen die kunstvollen Spinnenetze oft erst deutlich.

im Garten aktiv. Regenwürmer kommen an die Oberfläche und Schnecken sind unterwegs. Man glaubt gar nicht, wie viele Schnecken unterschiedlicher Arten auf einmal den Garten bevölkern – wo doch bei Trockenheit keine einzige Schnecke zu sehen ist!
Regenwürmer sind bei Temperaturen von 10 bis 15 °C am aktivsten und somit hauptsächlich im Frühjahr und Herbst bei nasser Witterung zu beobachten. Besonders viel frisch aufgehäufter Wurmkot weist auf eine rege nächtliche Tätigkeit hin.
Wenn im Sommer nach feuchtem Wetter die Luft wieder trockener wird, fliegen frisch geschlüpfte Schnaken. Schmetterlinge trocknen und wärmen sich auf Holz oder blanken Bodenstellen.
An Nebeltagen sind Spinnennetze besonders gut zu sehen, da unzählige, winzige Tautropfen an den Fäden hängen und diese sichtbar machen. Sobald die Sonne den Nebel getrocknet hat, kann man die Netze fast nicht mehr erkennen.

Wirbellose im Jahreslauf

Winter: Dezember – Januar – Februar

Frost ist für die meisten Wirbellosen tödlich, sodass verschiedene Tierarten unterschiedliche Strategien verfolgen, um Frost zu vermeiden. Viele ziehen sich in frostfreie Bereiche in der Erde (Regenwürmer, bodenbewohnende Insektenlarven) oder an andere geschützte Stellen (Schnecken, Käfer) zurück, wo sie in Winterstarre verfallen. Energie wird nahezu nicht verbraucht und somit auch keine Nahrung benötigt. Insekten überwintern je nach Art in ihren Entwicklungsstadien als Ei, Larve, Puppe oder ausgewachsenes Insekt in Hohlräumen, Mauerritzen und Borkenspalten, zwischen abgestorbenem Pflanzenmaterial, in Laubhaufen oder Holzstapeln.
Marienkäfer verkriechen sich im Winter häufig in großer Zahl unter Borke oder in Fensterrahmen. Solche Überwinterungsplätze sollten ungestört bleiben, um die Blattläuse fressenden Käfer auch im nächsten Jahr wieder im Garten finden zu können.
Florfliegen und einige wenige Schmetterlingsarten verbringen die kalte Jahreszeit ebenfalls als ausgewachsene Insekten. Kleiner Fuchs, Tagpfauenauge, C-Falter sowie die in den meisten Gegenden sehr seltenen Arten Trauermantel und Großer Fuchs suchen trockene, frostsichere Plätze, z. B. in Dachstühlen und Schuppen auf. Hier sind die Tiere leicht zu beobachten. Nicht selten benötigen sie im März Hilfe für den Weg nach draußen, der nicht immer dem Licht nach zum Fenster führt. Auch künstliche Überwinterungshilfen werden gerne angenommen (s. S. 154). Zitronenfalter dagegen besitzen durch Stoffwechselvorgänge und Glycerin einen körpereigenen Frostschutz und verbringen die kalten Tage an Zweigen hängend, zwischen Grashalmen in Bodennähe oder an Efeu-umrankten Mauern im Freien. Eine ganz andere Strategie verfolgen die sogenannten Wanderfalter Admiral, Distelfalter und Taubenschwänzchen: Diese Arten wandern im Frühjahr aus Südeuropa u. a. nach Deutschland ein, wo sie sich vermehren. Manche ihrer Nachkommen ziehen dann im Herbst ähnlich den Zugvögeln in wärmere Gegenden Richtung Süden zurück.

Zitronenfalter zählen zu den ersten Schmetterlingen im Frühjahr.

Libellenlarven und andere im Wasser lebende Wirbellose sind in Teichen mit Wassertiefen über 80 cm an der tiefsten Stelle vor Frost gut geschützt, häufig verbringen sie den Winter am Gewässergrund im Schlamm.

Es gibt aber auch in den Wintermonaten Wirbellose im Garten zu beobachten, so z. B. die auch „Winterschwebfliege" genannte Hain-Schwebfliege, deren Weibchen als erwachsene Tiere überwintern und an warmen Tagen nektartragende Blüten suchen. Hummelköniginnen können durch Muskelzittern ihre Körpertemperatur über die Umgebungstemperatur anheben und beginnen ab einer Lufttemperatur von 2 °C die Suche nach geeigneten Hohlräumen für ein neues Nest. An sonnigen Tagen fliegen Wintermücken in sogenannten Tanzschwärmen, wobei die Flügelschläge bestimmte Summtöne erzeugen, um Partner anzulocken. Glycerin-ähnliche Stoffe im Mückenkörper machen die Tiere sehr widerstandsfähig gegenüber Kälte und Frost, sodass sie schon bei wenigen Grad Celsius über Null aktiv sind. Um Wärmestrahlung besser aufzunehmen, sind Wintermücken dunkel gefärbt. Wintermücken können nicht stechen und ähneln im Aussehen kleinen Schnaken.

Künstliche Hummelnester erhöhen die Chancen zur Ansiedlung von Hummelstaaten im eigenen Garten.

Was tun im Winter

- Gräser und abgestorbene Pflanzenteile von Stauden stehen lassen, erst ab April entfernen – in hohlen Pflanzenstängeln und zwischen trockenen Blättern überwintern zahlreiche Insekten in verschiedenen Entwicklungsstadien
- Künstliche Hummelnester anlegen (s. S. 157)
- Sträucher und Hecken pflanzen (s. S. 145)
- Überwinterungshilfen für Schmetterlinge, Florfliegen und Marienkäfer anbieten (s. S. 159)

Wichtig!

In künstlichen Hilfen überwinternde Insekten nicht stören, da sie sonst vielleicht nicht überleben.

Beobachtungstipps Winter

- Hain-Schwebfliege an warmen Tagen
- Hummelköniginnen auf der Suche nach Hohlräumen
- Tanzschwärme der Wintermücken
- Wintergäste in Dachböden und Scheunen – diese aber auf keinen Fall stören!

Frühjahr: März – April – Mai

Zahlreiche Insekten wie Bienen, Hummeln, Schwebfliegen und Schmetterlinge ernähren sich von Nektar und Pollen, sodass sie vermehrt erst im Garten anzutreffen sind, wenn auch Blüten blühen. Zu den sehr früh blühenden Pflanzen gehören Bäume und Sträucher wie z. B. Weiden, die oft als das „erste Brot der Bienen" bezeichnet werden. Schon aus mehreren Metern Entfernung ist das Summen und Brummen zahlreicher Bienen und anderer Insekten an Weiden zu hören. Hummeln beginnen ihren neuen Staat zu gründen und nehmen auch gerne künstliche Nisthilfen an, da geeignete Hohlräume wie verlassene Mauselöcher schwer zu finden sind.

Als erwachsene Insekten überwinternde Schmetterlinge wie Tagpfauenauge, Kleiner Fuchs und Zitronenfalter erwachen aus ihrer Winterruhe. Häufig sehen die Tiere etwas mitgenommen – „abgeflogen" – aus. Nach wenigen Wochen beginnen sie dann mit der Eiablage. Brennnesseln sollten dafür unbedingt stehen gelassen werden.

Auf früh blühenden Kreuzblütlern wie Wiesenschaumkraut finden sich ab Ende März die ersten frisch geschlüpften Aurorafalter. Angeheftet an lange Pflanzenteile wie Stängel oder Gräser überwintern die Tiere als Puppe. Viele andere Schmetterlinge, darunter z. B. auch die Kohlweißlinge, schlüpfen im April und Mai.

Abgeflogenes" Tagpfauenauge.

Frisch geschlüpfte Große Königslibelle.

Vor nektarreichen Blüten „stehen" Große Wollschweber in der Luft. Deutlich zu erkennen sind die zweifarbigen Flügel. Wegen ihres hummelähnlichen Aussehens wird die Art auch Hummelschweber genannt. Ihre Eier legen Hummelschweberweibchen in die Larven solitärer Bienen, von denen sich ihre Nachkommen dann ernähren.

In warmen Jahren kann man an Gartenteichen bereits ab Ende April an den Blättern von Sumpfschwertlilien und anderen senkrechten Flächen papierähnliche Hüllen mit sechs Beinen und einem Loch auf der Oberseite finden. Dies sind die letzten Larvenhäute, sogenannte Exuvien, von Libellen. Kurz vor dem Schlupf zum ausgewachsenen Insekt verlassen die Larven (Nymphen) das Wasser und klammern sich z. B. an Pflanzen fest. An einer besonders dünnen Stelle hinter dem Kopf bricht die Hülle auf und die geflügelte Libelle zwängt sich heraus.

Während zu Beginn des Frühlings die Schlehenblüten an den sonst kahlen Zweigen aufbrechen, treiben beim Weißdorn zuerst die Blätter aus. Im Mai locken dann auch die Weißdornblüten mit ihrem betörenden Duft zahlreiche Bienen, Hummeln und andere Insekten an.

Viele Käfer sind im Garten unterwegs, darunter auch Maikäfer und Rosenkäfer, sowie Weichkäfer, die bevorzugt an Doldenblütlern Nahrung suchen.

Beobachtungstipps Frühjahr

- Erste Bienen, Hummeln und Schwebfliegen an Frühblühern
- Aurorafalter an Wiesenschaumkraut
- Hummelschweber bei der Nektarsuche
- Schlüpfende Libellen
- Käfer an Blüten und Blättern
- Raupennester auf Brennnesseln
- Erste Wanderfalter wie z. B. Distelfalter treffen ein

Was tun im Frühjahr

- Nisthilfen für Hummeln und Solitärinsekten ausbringen
- Erstbeobachtungen von Hummeln, Bienen und Schmetterlingen notieren
- Rasen in Teilen zu langen Gräsern auswachsen lassen, unterschiedlich hoch mähen
- Wildblumenwiesen anlegen
- Früh blühende Gehölze wie Weiden erst nach der Blüte zurückschneiden. Dabei unbedingt auf Vogelnester achten! In der freien Landschaft ist Heckenschnitt nur zwischen Oktober und Februar erlaubt. Auch in Gärten sollten Hecken in dieser Zeit – wenn überhaupt – nur behutsam gepflegt werden.

Hochzeitsflug der Ameisen

Bereits im Mai schlüpfen in den meisten Ameisenstaaten Jungköniginnen und Männchen. An Tagen mit ganz bestimmten Witterungsverhältnissen im Sommer fliegen dann alle geschlechtlichen Tiere einer Ameisenart aus verschiedenen Nestern und locken über Duftstoffe Partner an. Einzelne Arten schwärmen zu unterschiedlichen Zeitpunkten. Der Hochzeitsflug reicht in große Höhen und dauert mehrere Stunden, in denen sich eine Jungkönigin mit bis zu vierzig Männchen paart. Wenige Stunden nach der Paarung sterben die Männchen, die befruchtete Königin verliert ihre Flügel und sucht sich einen geeigneten Neststandort, um zu überwintern und einen eigenen Staat zu gründen. Die ersten Eier werden von der Königin selbst gepflegt und die geschlüpfte Brut gefüttert, bis genügend Arbeiterinnen vorhanden sind. Von nun an legt die Königin nur noch Eier. Manchmal kehren befruchtete Königinnen in ihr Ursprungsnest zurück und veranlassen über Duftstoffe einen Teil der vorhandenen Kolonie dazu, ihr zu folgen und in der Nachbarschaft einen Tochterstaat aufzubauen.

Sommer: Juni – Juli – August

Im Juni wandert der Großteil der Distelfalter aus dem Süden in nördlichere Gefilde. Wandernde Distelfalter erkennt man daran, dass die Tiere einzeln oder zu mehreren relativ knapp über dem Boden (unter zwei Meter Höhe) in die gleiche Richtung fliegen. An Hindernissen steigen die Falter senkrecht hoch, um sie dann zu überfliegen. Sehr blass gefärbte Distelfalter haben meistens eine längere Wanderung hinter sich und werden als „abgeflogen" bezeichnet. Ebenfalls zu den wandernden Faltern zählen Taubenschwänzchen. Die tagaktiven Nachtfalter sind relativ groß und an ihrem, einem Kolibri ähnlichen, Schwirrflug vor nektarreichen Blüten gut zu erkennen.

Distelfalter zählen zu den wandernden Tierarten.

Mit wärmeren Nächten werden mehr Nachtfalter aktiv, darunter die Schwärmer mit beeindruckenden Spannweiten. Größter heimischer Schwärmer ist der Ligusterschwärmer, dessen ausgebreitete Flügel von Spitze zu Spitze 10 cm messen! Nachtfalter lassen sich in milden, leicht bewölkten, windstillen Nächten beobachten, wobei Lichtfallen am besten in mondlosen Nächten und an wenig durch künstliche Lichtquellen gestörten Plätzen wirken (s. S. 175). Bei Regen, Kälte und Wind bleiben die Tiere in ihren Tagesverstecken.

Überall fressen die Raupen zahlreicher Schmetterlingsarten eifrig an Blättern und anderen Pflanzenteilen. Fraßbilder sowie Ausscheidungen weisen auf die oft schwer auszumachenden Insektenlarven hin. Häufig sind einzelne Arten nur an bestimmten Futterpflanzen zu finden.

Den gesamten Sommer über sind Schnabelkerfe wie Blattwanzen, Zikaden und Blattläuse im Garten zu beobachten. Um die Vielfalt zu erfassen, lohnt sich das Ausschütteln von buschigen Pflanzen. Stinkwanzen sollten dabei besser nicht auf der Hand gehalten werden. Bei Gefahr sondern die Tiere ein übel riechendes Sekret ab, dessen Geruch lange an der Haut haftet.

Warme Sommertage mit Kaffee und Kuchen im Garten verbindet man immer auch mit Wespen. Es lohnt sich, diese i.d.R. harmlosen Insekten genauer zu betrachten und einzelne Arten zu bestimmen. Die weniger „lästigen" Arten Sächsische Wespe und Mittlere Wespe bauen ihre Nester häufig in Siedlungsnähe frei innerhalb (Sächsische Wespe) oder außerhalb (Mittlere Wespe) von Gebäuden, wohingegen Deutsche und Gemeine Wespe dunkle Hohlräume bevorzugen. Zum Nestbau verwenden Wespen einen Brei aus Holzfasern und Speichel. Beim Betrachten von Wespen an morschem Holz kann man sogar das schabende Geräusch hören, wenn die Tiere Holzfasern abnagen. Fühlen sich die Wespen nicht bedroht, werden sie sich auch nicht verteidigen und stechen. In der Nähe des Nestes ist jedoch Vorsicht geboten (s. „Wespen-Regeln" S. 116).
Mittsommers findet die Hochzeit der Glühwürmchen statt. Obwohl die Weibchen auch bei Regen leuchten und versuchen, Männchen anzulocken, fliegen die Männchen hauptsächlich in windstillen, trockenen Nächten. Einer Bauernregel zufolge ist schönes Wetter zu erwarten, wenn in der Nacht viele Glühwürmchen zu beobachten waren.
August ist die Zeit der Paarung für die meist wärmeliebenden Heuschreckenarten. Mit ihren unterschiedlich erzeugten „Gesängen" versuchen die Tiere Partner anzulocken. Viele Arten kann man anhand der Töne bestimmen (s. S. 77 f.). Kurzfühlerschrecken sind in den wärmsten Tagesstunden über Mittag am lautesten, die nachtaktiven Langfühlerschrecken hört man während der Abenddämmerung bis spät in die Nacht.
Fallobst bietet günstige Gelegenheiten, Schmetterlinge (z. B. Admiral), Wespen, Hornissen und Fliegen aus nächster Nähe zu beobachten.

Gemeine Wespe an Fallobst.

Taubenschwänzchen in kolibriähnlichem Schwirrflug.

Beobachtungstipps Sommer
- Haupteinwanderung der Distelfalter
- Taubenschwänzen in kolibriähnlichem Schwirrflug
- Schwärmer in milden Nächten
- Fraßbilder von Raupen
- Blattwanzen, Zikaden und Blattläuse in Büschen
- Libellen am Gartenteich
- Wespen beim Nagen an morschem Holz
- Glühwürmchen
- Heuschrecken bei der Partnersuche
- Insekten an Fallobst
- Gewitterwürmchen während der Mahd

Was tun im Sommer
- Steinhaufen und Holzstapel an sonnigen Stellen anlegen
- Rasen in Teilen zu langen Gräsern auswachsen lassen, unterschiedlich hoch mähen
- Brennnesseln abwechselnd regelmäßig zurückschneiden, da die Raupen von Tagpfauenauge und anderen Faltern hauptsächlich die jungen Blätter fressen
- Nisthilfen für Solitärinsekten ausbringen
- Fallobst nicht komplett entfernen

Herbst: September – Oktober – November

Mit abnehmenden Temperaturen ist die Hochzeit der meisten Wirbellosen im Garten vorbei. Einige wenige jedoch sind gerade jetzt gut zu beobachten. Wiesenschnaken schlüpfen im Spätsommer und verfliegen sich häufig ins Haus, wo sie leicht gefangen und in geeigneten Behältern betrachtet werden können (Vorsicht im Umgang mit den langbeinigen Tieren, damit die Beine nicht abbrechen!). Die typischen, aus dem hinteren Flügelpaar umgewandelten Schwingkölbchen der Zweiflügler sind bei Schnaken besonders gut zu sehen.

Gärten mit Teichen werden bis in den November hinein von „späten" Libellen wie der Blaugrünen Mosaikjungfer und Heidelibellen besucht. Die Männchen der Blaugrünen Mosaikjungfer verteidigen ihre Reviere in rasanten Flugmanövern auf der Suche nach Weibchen. Heidelibellen lassen sich gut bei der Eiablage in Tandemformation beobachten. Die Eier überwintern im Teich oder am Gewässerrand.

Auch viele Arten unter den Spinnen pflanzen sich im Herbst fort. Überall sind nun die Radnetze der Gartenkreuzspinnen zu sehen, in deren Mitte die Weibchen mit dicken Hinterleiben voller Eier auf Männchen warten. Nachdem die befruchteten Eier in Kokons sicher und geschützt verpackt sind, sterben die Spinnen. Ihre Nachkommen schlüpfen im nächsten Frühjahr. Andere Spinnenarten zieht es im Herbst vermehrt in geschlossene Räume und Häuser, vielleicht auf der Suche nach wärmerer Umgebung. Viele sind jedoch nicht an ein Leben in überheizten, trockenen Gebäuden angepasst und sterben bald.

Bei Wiesenschnaken sind die Schwingkölbchen der Zweiflügler besonders gut zu erkennen.

Insekten-Nistholz.

Altweibersommer

An warmen Tagen im September segeln junge Baldachinspinnen in Wiesen an einzelnen Spinnfäden durch die Luft, um sich von ihrem Schlupfort zu entfernen und in neuer Umgebung eigene Netze zu weben. In Gräsern und anderen hohen Pflanzenteilen verfangen sich diese sogenannten Altweibersommerfäden und überziehen die Landschaft mit unregelmäßigem Gespinst. Der Name „Altweibersommer" rührt entweder von der Ähnlichkeit dieser Gespinste mit dem ergrauten Haar älterer Damen oder vom altdeutschen Wort „weiben" für das „Weben" der Spinnfäden her. In Märchen und im Volksglauben werden die Altweibersommerfäden auch von Elfen, Zwergen oder der Jungfrau Maria gesponnen.

Setzt man vorsichtig eine der winzigen Baldachinjungspinnen auf die Fingerkuppe und bläst das Tier leicht von hinten an, hebt die Spinne vielleicht ihr Hinterteil und spinnt einen Faden, an dem sie sich vom „Wind" vorwärts tragen lässt.

Nachdem Gartenkreuzspinnen ihre Eier gut verpackt haben, sterben die Alttiere.

An warmen Tagen Ende September bis Anfang November findet die Rückwanderung der Admirale statt: Auffällig sind tief nach Südwesten eilende, dunkle Schmetterlinge. Obwohl manchmal mehr als hundert Tiere in einer Stunde beobachtet werden können, bilden die Schmetterlinge keine geschlossenen Trupps, sondern fliegen jeder für sich.
An heruntergefallenen Eicheln und Blättern sind nun deutlich unförmige Auswüchse zu sehen. Hier haben Gallwespen früher im Jahr ihre Eier gelegt, um die herum das Gewebe zu wuchern begann und so Gallen mit perfekt schützenden Brutkammern gebildet hat. Etwa 80 % der bekannten Gallwespen in Deutschland parasitieren an Eichen (s. S. 110).
Mit immer mehr fallenden Blättern entsteht eine vor Kälte und Austrocknung schützende Laubstreu, in der Schmetterlingspuppen, Tausendfüßer, Käfer und viele Insektenlarven den Winter überstehen.

Beobachtungstipps Herbst
- Schwingkölbchen an Schnaken im Haus
- Spinnennetze im Nebel
- „Späte" Libellen bei Revierkämpfen und Eiablage
- Ziehende Admirale
- Gallen an Eichen
- Leben in der Laubstreu

Was tun im Herbst
- Zwiebeln von Frühjahrsblühern wie Narzissen und Krokussen stecken
- Laub- und Reisighaufen anlegen
- Stauden, Bäume und Hecken pflanzen
- Holz aus Baumschnitt für Holzstapel verwenden
- Überwinterungshilfen für Schmetterlinge, Florfliegen und Marienkäfer anbieten (s. S. 159)
- Komposthaufen ab Mitte Oktober nicht mehr umsetzen, um darin überwinternde Tiere nicht zu stören

Wirbellose und Klimawandel

Nahezu alle Fachleute sind sich heute einig: Der durch den Menschen verursachte Klimawandel hat bereits begonnen und wird sich in den kommenden Jahrzehnten mit immer dramatischeren Folgen fortsetzen. Durchschnittstemperaturen und Maximalwerte steigen weltweit und in Deutschland unaufhörlich. Das Jahr 2018 war in Deutschland das wärmste seit Beginn der Wetteraufzeichnungen im Jahr 1881. Der mit 40,3 Grad Celsius im August 2015 in Kitzingen gemessene Deutsche Temperaturrekord wurde im Sommer 2019 gleich in mehreren Städten in Deutschland gebrochen. Der historische Höchstwert liegt – bis auf weiteres – mit 42,6 Grad Celsius im niedersächsischen Lingen. Verbunden waren die extrem hohen Temperaturen oftmals auch mit einer außergewöhnlichen Dürre, dann aber auch mit Starkregenereignissen. Bemerkenswert ist, dass von den zehn bisher wärmsten Jahren acht in diesem Jahrhundert liegen.

Der Klimawandel mit höheren Durchschnittstemperaturen, milderen Wintern und wärmeren Sommern sowie einer Veränderung des Niederschlagsmusters wirkt sich erwartungsgemäß auch auf Wirbellose aus. Aufmerksame Beobachter können die Folgen zum Teil schon heute auch in Gärten beobachten.

Wirbellose, beispielsweise Insekten, reagieren als wechselwarme Lebewesen sehr empfindlich auf Temperaturunterschiede. Ihre meist schnelle Generationsfolge mit großer Anzahl von Nachkommen, gekoppelt mit einer hohen Mobilität, bilden ein oftmals großes Ausbreitungspotenzial (z. B. Wanderfalter) und befähigen sie dazu, zum Teil sehr schnell und offensichtlich auf Veränderungen des Klimas reagieren zu können. Hierbei führen milde Winter bei einigen Arten zu einer höheren Überlebensrate, trocken-heiße Sommer bringen eine verstärkte Vermehrung sowie die Einwanderung von Individuen mit sich. Es gibt aber auch Belege dafür, dass die Überwinterungsstadien (Eier, Puppen) beispielsweise von Schmetterlingen in milden und feuchten Wintern durch Pilzbefall leiden, was zu einem dramatischen Bestandsrückgang führen kann.

Klimabedingte Veränderungen in der Wirbellosenwelt zeigen sich in vielerlei Hinsicht. Neben einer Ausweitung oder Reduzierung des Vorkommensgebietes (Arealveränderung) können Veränderungen in der Häufigkeit von Arten oder im Entwicklungszyklus (z. B. Anzahl von Generationen innerhalb einer Vegetationsperiode) auftreten. Im Zuge der Klimaerwärmung scheinen viele Insekten, zumindest in Mitteleuropa, zu den Gewinnern zu gehören.

Arealveränderungen bei Wirbellosen

Arealveränderungen, insbesondere die Ausbreitung von Arten, ist beispielsweise bei zum Teil recht auffälligen und oftmals leicht bestimmbaren Tagfalterarten gut zu beobachten und intensiv dokumentiert. Derzeit ist in Deutschland die Ausdehnung des Verbreitungsgebietes vieler Arten nach Norden und in höhere Lagen zu verzeichnen. Im Rahmen einer Studie der Landesanstalt für Umwelt, Messungen und Naturschutz Baden-Württemberg an verschiedenen Insektengruppen (Schmetterlinge, Libellen, Käfer, Wildbienen und Wespen) konnte gezeigt werden, dass in den letzten zwei Jahrzehnten ein verstärkter Zustrom von wärmeliebenden Tierarten, insbesondere Insekten, nach Baden-Württemberg zu beobachten ist. Fachleute gehen davon aus, dass diese Beobachtungen im Zusammenhang mit dem Klimawandel stehen.

Schwalbenschwanz.

Zu den „Klimagewinnern" gehört beispielsweise der **Große Fuchs** *Nymphalis polychloros*, Schmetterling des Jahres 2018. Vor nur zehn Jahren war diese wärmeliebende Art auf wenige Orte in Deutschland beschränkt. Heute dagegen ist der Große Fuchs in Südwestdeutschland weit verbreitet. Auch der **Schwalbenschwanz**

Papilio machaon ist in Teilen Deutschlands in den vergangenen zehn Jahren häufiger geworden und auf Magerrasen, brach liegenden landwirtschaftlichen Flächen sowie in Gärten zu beobachten, wo sich seine Raupen einzeln von Dill und Möhrenkraut ernähren (ohne Kahlfraß zu erzeugen).

Das zu den Langfühlerschrecken gehörende **Weinhähnchen** *Oecanthus pellucens* ist ein Beispiel einer früher nur in den wärmsten Lagen in Deutschland vorkommenden Insektenart. Inzwischen hat sich die Art deutlich nach Norden ausgebreitet und ist beispielsweise im Rhein-Main-Gebiet selbst auf Begleitgrün von Parkplätzen und in Gärten zu finden. Ebenfalls zu den Langfühlerschrecken gehört die **Gemeine Sichelschrecke** *Phaneroptera falcata*, bei der wiederum seit einigen Jahrzehnten eine Nordausdehnung des Areals zu beobachten ist. Mittlerweile gibt es Nachweise von Sichelschrecken in Süd-Niedersachsen und Thüringen. Mit etwas Glück ist in Gärten auch die früher in Deutschland nur in den wärmsten Regionen vorkommende **Blaue Holzbiene** *Xylocopa violacea* zu beobachten. Ganz auffällig ist die Arealausweitung auch bei einigen Libellenarten wie der **Feuerlibelle** *Crocothemis erythraea*, der **Frühen Heidelibelle** *Sympetrum fonscolombi* oder der **Südlichen Mosaikjungfer** *Aeshna affinis*, die inzwischen auch in Norddeutschland zu beobachten sind.

Weinhähnchen.

Wespenspinne.

Aber nicht nur Insekten reagieren auf den Klimawandel. Seit einigen Jahrzehnten breitet sich beispielsweise die **Wespen- oder Zebraspinne** *Argiope bruennichi*, erkennbar an weiß-gelbem Hinterleib mit schwarzen Querbändern und ihren Radnetzen mit deutlichen zickzackförmigen Stabilimenten (s. S. 59), von Süden her über ganz Mitteleuropa aus.

Unter den Insekten gibt es aber auch Arten, die sich aufgrund der höheren Temperaturen aus Deutschland zurückziehen. Da es sich hierbei jedoch meist um Lebensraumspezialisten handelt, sind die entsprechenden Arten nicht in Gärten zu finden. Beispiele hierfür sind Gebirgs- oder Moorbewohner, die ein eher kühles Klima bevorzugen, wie z.B. der **Hochmoorgelbling** *Colias palaeno*, der **Randring-Perlmutterfalter** *Boloria eunomia*, der Hochmoorbläuling *Vacciniina optilete* und der **Natterwurz-Perlmutterfalter** *Clossiana titania*. Der Klimawandel wirkt sich bereits jetzt auch auf unsere Wirbellosen aus und wird dies in Zukunft immer stärker tun. Insgesamt dürfen wir allerdings nicht vergessen, dass nach wie vor die Landnutzung, insbesondere die intensive Landwirtschaft durch Einsatz von Pestiziden und Düngemitteln, neben der Landwirtschaft auch aus Luftschadstoffen, aber auch durch die Beseitigung von Kleinstrukturen wie Hecken, Wegrändern und Feldrainen den dominanten Faktor hinsichtlich der Verbreitung von Wirbellosen darstellt. Der Verlust von Bracheflächen, nach der Aufgabe von marktbedingten Flächenstilllegungen in der Landwirtschaft im Jahr 2007, hat den diesbezüglichen Trend deutliche verschärft.

Veränderungen im zeitlichen Auftreten von Wirbellosen

Dem Volksglauben nach kündigt der erste Tagfalter im Frühjahr je nach seiner Färbung ein gutes (heller Falter) oder schlechtes (dunkler Falter) Jahr an. Egal ob man an die Vorzeichen wie schwarze Katzen, vierblättrige Kleeblätter oder eben helle und dunkle Tagfalterarten im Frühjahr glaubt – fest steht, dass Tagfalter immer früher im Jahr zu beobachten sind. Mehrere Schmetterlingsarten wandern alljährlich aus dem Mittelmeerraum kommend in Deutschland ein. Paradebeispiele hierfür sind **Admiral** und **Distelfalter**. Beide Arten ziehen jedes Jahr über die Alpen und die Burgundische Pforte nach Mitteleuropa, teilweise bis nach Skandinavien und selten sogar bis nach Island. Besonders spektakulär war der Einflug des Distelfalters in den Jahren 2009 und 2019. Es ist anzunehmen, dass Masseneinflüge von Distelfaltern aus Nordafrika und dem Nahen Osten nach Europa durch veränderte Niederschlagsmuster in den Ursprungsgebieten oder durch höhere Frühjahrstemperaturen in Europa begünstigt werden. Auch dies könnte bereits ein Anzeichen des ablaufenden Klimawandels sein.

Admiral.

Einige Schmetterlingsarten, wie der seltene **Linienschwärmer** *Hyles livornica* oder der **Windenschwärmer** *Agrius convolvuli,* fliegen sogar aus dem tropischen Afrika über die Sahara bis nach Mitteleuropa ein. Eier und Puppen dieser Arten überleben jedoch keine frostigen Wintermonate.

Admirale kamen in der Vergangenheit üblicherweise ab Mai aus dem Mittelmeerraum nach Mitteleuropa. Seit den letzten 10 bis 20 Jahren mit milden Wintern überleben Admirale immer häufiger die kalte Jahreszeit auch in Deutschland in frostfreien Quartieren. Neben ausgewachsenen Schmetterlingen wurden beispielsweise in Baden-Württemberg auch überwinternde Raupen und Puppen festgestellt. Besonders deutlich war der Überwinterungstrend im Jahr 2007 zu beobachten, als bereits Ende Januar Admirale im Rheintal gesichtet wurden. So vermischen sich im Frühjahr die Nachkommen der Falter, die sich bei uns fortgepflanzt haben, mit den Neuzugängen aus dem Süden. Forscher gehen sogar davon aus, dass sich inzwischen eine von den Mittelmeer-Admiralen unabhängige mitteleuropäische Population gebildet hat.
Ein alljährlich bei uns einwandernder Nachtfalter ist das **Taubenschwänzchen**. Besonders in trockenheißen Sommern gehen bei den Naturschutzverbänden regelmäßig zahlreiche Anrufe aufgeregter Bürgerinnen und Bürger ein, die glauben, einen Kolibri gesehen zu haben. So auch im „Jahrhundertsommer 2003", seit dem Taubenschwänzchen in Deutschland insgesamt deutlich häufiger auftreten – selbst auf Helgoland wurden im August regelmäßig mehr als fünfzig Tiere gezählt. Im milden Winter 2006/07 konnten sogar zahlreiche Überwinterer festgestellt werden. Bei der neuen Mitmachaktion des NABU „Insektensommer" (s. S. 182) landete im heißen Sommer 2018 das Taubenschwänzchen auf Platz zehn der am häufigsten gemeldeten Insektenarten.

Veränderung in den Entwicklungszyklen

Milde Winter und wärmere Sommer führen aber nicht nur zu einer Arealverschiebung oder früherem Auftreten vieler Wirbelloser, vielmehr verändert sich hierdurch teilweise sogar ihr Entwicklungszyklus. So benötigte der **Feldmaikäfer** in Deutschland bisher für seinen Entwicklungszyklus drei bis fünf, meist jedoch vier Jahre. Seit einiger Zeit wird immer häufiger eine Entwicklungszeit von nur drei Jahren festgestellt. Die Forschungsanstalt Agroscope ART Reckenholz, die seit Jahren Maikäferpopulationen in der Schweiz untersucht, fand im Hitzesommer 2003 heraus, dass etwa 15 bis 20 % der Maikäfer vom hier traditionellen Dreijahreszyklus zu einer zweijährigen Entwicklungszeit übergegangen sind. Hieraus abgeleitete Befürchtungen, dass schon bald die strikte lokale Trennung in Maikäfer-Flugjahre aufgehoben sein würde, haben sich anscheinend nicht bewahrheitet. Der drei- oder vierjährige Entwicklungszyklus wird jedoch auch durch trocken-heiße Sommer begünstigt, beispielsweise im Jahr 2018, und es wurde ein Massenausflug von Maikäfern für 2019 vorhergesagt. Obwohl wesentlich mehr Käfer beobachtet wurden als in den Vorjahren, war ein etwa alle 40 bis 50 Jahre vorkommendes Massenaustreten ausgeblieben – ein Hinweis darauf, dass auch der Maikäfer durchaus noch von vielen weiteren Faktoren in seinem Lebensraum beeinflusst wird. Dieses kleine Beispiel illustriert die enorme Komplexität der Auswirkungen des Klimawandels auf unsere Natur.

Feldmaikäfer.

Auch beim weit verbreiteten und wohl bekanntesten Schmetterling, dem **Tagpfauenauge,** führt das veränderte Klima dazu, dass inzwischen in vielen Regionen im Jahresverlauf eine zweite Generation auftritt. Bislang war dies nur in den wärmsten Lagen Südwestdeutschlands der Fall. Um auf die Folgen des Klimawandels aufmerksam zu machen, wurde das Tagpfauenauge zum Schmetterling des Jahres 2009 gewählt.

Ausreißer gegen generellen Trend

Der generelle Klimatrend für Deutschland lautet: mildere Winter, heißere und trockenere Sommer sowie veränderte Niederschlagsmuster. Auswirkungen dieses Trends auf die Wirbellosenwelt zeigten sich bereits in den vergangenen Jahren, als viele Naturinteressierte in Gärten vor allem an Sommerfliederbüschen Arten wie Taubenschwänzchen, Schwalbenschwanz und Blaue Holzbiene häufiger beobachten konnten. Es gibt aber auch Jahre, die aus diesem Muster herausfallen. Auf einen sehr feuchten und damit ungünstigen Winter folgte im weiteren Jahresverlauf 2008 in vielen Teilen Deutschlands ein relativ kühler, verregneter Sommer mit extrem geringen Individuenzahlen bei vielen Schmetterlingen. Auch der Sommer 2013 wartete zeitweise mit für Insekten ungünstiger Witterung auf, sodass infolge beispielsweise die Bruterfolge bei insektenfressenden Vogelarten, v.a. von Mauersegler und Schwalben, extrem schlecht ausfielen.

Problemfälle

Ausgelöst durch ein verändertes Klima finden viele wärmeliebende Wirbellosenarten auch in Deutschland zunehmend bessere Lebensbedingungen. Hierzu gehören natürlich einwandernde oder sich bedingt durch den Klimawandel stärker vermehrende Arten. Daneben finden auch durch den Menschen eingeschleppte Arten, sogenannte Neozoen, häufig günstige Lebensbedingungen vor (s. Kapitel „Neozoen", S. 163). Beispiele für natürlich einwandernde Arten sind der giftige Dornfinger oder Krankheiten übertragende Sandmücken. Der **Eichenprozessionsspinner** ist heute deutlich häufiger als in der Vergangenheit. Seine Behaarung kann eine allergische Reaktionen auslösen. All diese Arten haben in jüngster Vergangenheit in Deutschland negative Schlagzeilen gemacht.

Raupen des Eichenprozessionsspinners sind immer zahlreich zu finden.

Der **Dornfinger** *Cheiracanthium punctorium* (Ammen-Dornfinger) ist die einzige Spinnenart Europas, deren Gift auch für Menschen größere Folgen haben kann, von der Wirkung ähnlich der eines Wespenstiches bis hin zu Lähmungserscheinungen. Die bis zu 15 mm großen Spinnen dringen etwa seit den 1960er-Jahren aus dem Mittelmeerraum immer weiter nach Norden vor und sind mittlerweile auch in Brandenburg zu finden. Wegen der hohen Seltenheit steht die Art in Deutschland jedoch auf der Roten Liste bedrohter Tierarten.

Sandmücken *Phlebotominae* können die parasitäre Tropenkrankheit Leishmaniose oder das durch einen Virus ausgelöste Pappataci-Fieber übertragen. Diese etwa 2 mm großen, sandfarbenen Stechmücken ernähren sich hauptsächlich von Pflanzensäften, die Eiablage der Weibchen wird durch zusätzliche Blutmahlzeiten wahrscheinlich beschleunigt. Ursprünglich lebten Sandmücken in tropischen und subtropischen Gebieten und kamen bis vor wenigen Jahren in Deutschland nicht vor oder blieben unentdeckt. Seit Ende des letzten Jahrtausends wird ihre Ausbreitung jedoch genauestens untersucht, weist sie doch auf die Möglichkeit einer Rückkehr anderer Mücken, z. B. *Anopheles*-Arten und somit in Mitteleuropa ausgerottet geglaubter Krankheiten wie Malaria hin.

Trotz allem sind sich Fachleute einig, dass für Panik und überzogene Reaktionen keine Ursache besteht, schließlich wehren sich auch andere, seit jeher heimische Wirbellosenarten durch beißen, stechen, juckreizauslösende Behaarung oder unangenehmen Geruch. Die Ausbreitung problematischer Arten und der von ihnen übertragenen Krankheiten sollte jedoch genau beobachtet werden.

Beobachtung im eigenen Garten

Weder das Ausmaß der durch den Klimawandel ausgelösten Veränderungen in unserer Wirbellosenwelt noch die komplexen Wechselwirkungen und Folgen für den gesamten Naturhaushalt sind bisher auch nur annähernd abzuschätzen. In Gärten können viele dieser Veränderungen zum Teil buchstäblich vor der eigenen Haustür mitverfolgt werden (s. Kapitel „Citizen Science", S. 179).

In Gärten können Auswirkungen des Klimawandels direkt beobachtet werden.

Wirbellose im eigenen Garten

Aus der unzähligen Fülle der in Gärten vorkommenden Wirbellosen sind einige wenige Arten bzw. Artengruppen nachfolgend beschrieben. Hierbei handelt es sich um besonders häufige und leicht zu beobachtende Tiere oder solche mit besonders interessanter Lebensweise. Wie viel Text einer bestimmten Art gewidmet ist, spiegelt nicht deren Bedeutung im Naturhaushalt wider. Zudem ist die Liste vorkommender Tiere bei Weitem nicht vollständig und erhebt im Rahmen dieses Buches auch nicht den Anspruch darauf. Für eingehendere Informationen empfehlen sich detaillierte Fach- und Bestimmungsbücher oder vielleicht sogar der Kontakt zu entsprechenden Arbeitsgruppen (s. Anhang, S. 187).

Hinweise zu Schutzbestimmungen

Alle wildlebenden Tier- und Pflanzenarten unterliegen rechtlichen Schutzbestimmungen, die in Gesetzen (Bundesnaturschutzgesetz, Bundesartenschutzverordnung, EG- und Landesgesetzgebungen) festgelegt sind. In Deutschland sind die einzelnen Bundesländer verpflichtet, den Artenschutz umzusetzen. In den Landesnaturschutzgesetzen finden sich daher Formulierungen wie

Allgemeiner Schutz wildlebender Tiere und Pflanzen Artikel 35 Niedersächsisches NatSchGes.

(1) Es ist verboten, wildlebende Tiere unnötig zu beunruhigen, zu fangen, zu verletzen oder zu töten.
(2) Es ist verboten, wildlebende Pflanzen ohne vernünftigen Grund ihrem Standort zu entnehmen oder zu nutzen oder ihre Bestände niederzuschlagen oder auf sonstige Weise zu verwüsten.

oder

Allgemeiner Schutz Artikel 16 Bayerisches NatSchGes.

(1) Tiere dürfen nicht unnötig gefangen oder getötet werden.
(2) Tiere dürfen nicht mutwillig beunruhigt oder belästigt werden.
(3) Nichteinheimische Tiere dürfen nicht ausgesetzt oder in der freien Natur angesiedelt werden.

Das Fangen einzelner Tiere aus dem Reich der Wirbellosen, um sie im Sinne von Erziehung und Ausbildung zu beobachten, zu bestimmen und hinterher wieder freizulassen, wird jedoch als vernünftiger Grund akzeptiert, solange die entsprechenden Arten nicht besonders oder streng geschützt sind. Für wissenschaftliche Forschung, Vergleichssammlungen oder Langzeitstudien müssen jedoch Genehmigungen der zuständigen Naturschutzbehörde eingeholt werden. Dort erhält man auch genauer Auskunft über den Schutzstatus einzelner Arten. Weitere Regeln beim Beobachten sind im Kapitel „Wirbellose unter der Lupe" aufgeführt.

Regenwürmer

Seit über 120 Millionen Jahren spielen Vertreter der Regenwurmfamilie eine wichtige Rolle im Naturhaushalt. Die zu den Gliederwürmern zählenden Tiere verrichten aufgrund ihrer Lebensweise in ihren Vorkommensgebieten, v.a. auch in Gärten, unzählige nützliche Aufgaben: sie vermischen und lockern Bodenschichten, verwerten verrottendes und totes organisches Material (kompostieren), bilden guten Dünger, durchlüften den Erdboden, in ihren Gängen können Wasser abfließen und Wurzeln wachsen.

Regenwürmer sind bei Temperaturen von 10 bis 15 °C, v.a. im Frühjahr und Herbst, am aktivsten. Den Winter verbringen die Tiere in Kältestarre in frostfreiem Boden in Tiefen von 40 bis 80 cm. Auch bei hohen Temperaturen im Sommer halten sie sich in tieferen, feucht-kühleren Bodenschichten auf. Regenwürmer sind sehr empfindlich gegenüber UV-Strahlen und Austrocknung. An die Erdoberfläche kommen die Tiere daher nur bei Dunkelheit oder feuchter Witterung. Möglicherweise rührt der Name „Regenwurm" daher, dass die Würmer an regnerischen Tagen im Vergleich zu trockenem Wetter „sichtbar" sind. Weit verbreitet ist die Theorie, dass die Tiere dadurch der Gefahr durch Ersticken bei Überflutung ihrer Gänge entgehen. Beobachtungen von Regenwürmern, die sich bei Hochwasser auf höher gelegene Flächen retten, scheinen dies zu bestätigen. Bekannt ist jedoch auch, dass Regenwürmer mehrere Stunden ohne Sauerstoff, z.B. in überschwemmten Uferbereichen von Gewässern überleben. Vielleicht kommen Regenwürmer bei Regen nach oben, da sie empfindlich auf von Regentropfen ausgelöste Erschütterungen reagieren, durch die ihre Sinne gestört werden. Eine andere Begründung des Namens „Regenwurm" könnte im altertümlichen Wort „sich regen" liegen, da die Tiere ständig in Bewegung sind.

Regenwürmer durchmischen den Erdboden, verwerten organisches Material und bilden guten Dünger. Zeichnung aus: Schmeil – Tierkunde. Quelle & Meyer, Heidelberg 1986

„Anklopfen" beim Regenwurm
Regenwürmer reagieren sehr empfindlich auf Erschütterungen des Bodens. Bei Regen kommen die Tiere auch bei Tageslicht an die Erdoberfläche. Manche Vogelarten, beispielsweise Möwen imitieren solche Erschütterungen. Auf großen Rasenflächen wie z.B. Fußballfeldern kann man Möwen dabei beobachten, wie sie „auf-der-Stelle" treten und so die begehrten Würmer aus dem Boden locken. Menschenfüße können denselben Effekt bewirken: In Großbritannien gibt es sogar einen Wettbewerb namens „Worm Charming" („Würmer bezaubern"), bei dem die Mitstreiter versuchen über Trampeln, Hüpfen und Tippeln möglichst viele Regenwürmer aus ihrem zugewiesenen Quadratmeter Boden zu locken.

Körperbau der Regenwürmer

Regenwürmer zählen zum Stamm der Gliederwürmer (Anneliden). Ihre Körper sind in einzelne Glieder (Segmente) unterteilt, deren Anzahl mit zunehmendem Alter ansteigt. Ringförmige Muskeln in den Segmenten, zusammen mit den Körper durchziehenden Längsmuskeln ermöglichen die schlängelnde Fortbewegung. Zur Stabilität des Körpers besitzen Gliederwürmer ein sogenanntes hydrostatisches Skelett aus mit Wasser gefüllter Leibeshöhle (Coelom) in jedem Segment (ähnlich einem mit Wasser gefüllten Luftballon). Beim Zusammenziehen der Ringmuskeln wird das Wasser in Längsrichtung gedrückt, der Wurm wird lang und dünn. Werden die Längsmuskeln angespannt, erscheint der Wurm kürzer und dicker. Dieses ausgeklügelte Zusammenspiel ermöglicht die hohe Beweglichkeit und Kraft der Regenwürmer.
Das dünnere, spitzer zulaufende Ende des Regenwurmes bildet den Kopf mit der Mundöffnung. Hinter einer Oberlippe (Kopflappen) geht die Mundöffnung direkt in den Darm über, der den gesamten Körper von vorne nach hinten durchzieht. Am hinteren, stumpferen Körperende sitzt der After. Vorder- und Hinterende lassen sich am einfachsten feststellen, wenn sich der Wurm bewegt. Auf etwa einem Drittel der Körperlänge hinter dem Kopf liegt bei ausgewachsenen Regenwürmern der Gürtel (Clitellum), der bei der Fortpflanzung eine wichtige Rolle spielt. Regenwürmer besitzen keine Ohren, Augen, Nase oder Lunge.

Deutlich zu sehen ist der Gürtel des Regenwurmes.

Aus eins mach zwei – oder?
Entgegen weitverbreiteter Meinung können Regenwürmer nicht durch Teilung vermehrt werden. Die Tiere besitzen zwar ein enormes Regenerationsvermögen und können wenige hintere bzw. vordere Segmente neu bilden. Wird ein Wurm jedoch z. B. beim Umgraben mit einem Spaten näher zur Körpermitte durchtrennt, überlebt nur der vordere Körperteil, sofern alle wichtigen Organe noch vorhanden sind und der Darm lang genug ist. Häufig sterben verletzte Regenwürmer an den Folgen der Verletzungen wie beispielsweise Infektionen.

Der so einfach erscheinende Körper der Regenwürmer hält jedoch einige Überraschungen bereit. Sauerstoff wird über die sehr empfindliche Haut aufgenommen. Direkt unter der Haut, besonders am Kopf, sitzen bis zu 700 Sinneszellen pro mm^2 (!), über die Regenwürmer riechen, schmecken und Licht wahrnehmen können. Vorder- ebenso wie Hinterende sind extrem lichtempfindlich. Unzählige Nervenenden unter der Hautoberfläche lassen die Tiere bei Berührung blitzschnell reagieren.
Obwohl Regenwürmer auf den ersten Blick glatt erscheinen, besitzen sie als Angehörige der Ordnung „Wenigborster“ (Oligochaetes) Borsten. An jedem Segment sitzen acht paarig angeordnete, nach hinten ausgerichtete Borsten, die über Muskeln beweglich sind. Die Borsten dienen der Verankerung in Gängen und Boden und bewirken zusammen mit den Muskeln den Widerstand, den beispielsweise eine Amsel überwinden muss, um einen Wurm aus der Erde zu ziehen.

Regenwurm-Geräusche
Das Vorhandensein der Borsten lässt sich mithilfe eines Blatt Papiers leicht verdeutlichen. Lässt man einen Regenwurm über trockenes Papier kriechen, verursachen die Borsten ein leises Kratzen, wenn sie über die Oberfläche schaben.

Bohren statt Graben

Mithilfe der Ring- und Längsmuskeln bohren und stemmen Regenwürmer Gänge im Erdboden, in die sie sich dann hineinschieben. Dabei sondern sie Schleim ab, der eine gewisse Geschmeidigkeit zur Fortbewegung garantiert. Gleichzeitig kleben der Schleim sowie Ausscheidungen die Bodenteilchen zusammen und festigen die Wände der Gänge über eine sogenannte Tapete. Als Gesamtlänge von Regenwurmgängen wurden bis zu 20 m pro Quadratmeter Boden gemessen, die Gänge können mehrere Meter in die Tiefe reichen. Durch dieses Röhrensystem wird der Boden belüftet, Wasser kann abfließen und Wurzeln können mühelos hineinwachsen. Regenwürmer bohren ihre Gänge nicht nur, sie fressen auch Boden und seine organischen Bestandteile (s.u.), sodass über die Ausscheidungen Boden aus tieferen Schichten in höhere gebracht und so vermengt wird. Regenwürmer können etwa das 50-fache des eigenen Gewichtes stemmen und zählen – im Verhältnis zur eigenen Körpergröße – zu den stärksten Tieren der Welt!
Schadstoffeinträge aus unterschiedlichsten Quellen machen den empfindlichen Regenwürmern schwer zu schaffen. Zunehmende Flächenversiegelung verkleinert ihre Lebensräume, denn obwohl Regenwürmer in fast allen Bodenarten und -typen vorkommen, unter Straßen und anderen mit Beton oder Asphalt befestigten Flächen können sie nicht überleben.

Wurmfarm
Regenwürmer und ihre Fähigkeit, Böden umzuschichten, lassen sich in einer Wurmfarm gut beobachten. Dazu geeignete Behälter sind im Handel erhältlich, können aber auch leicht selber hergestellt werden (s. Kapitel „Wirbellose unter der Lupe – nicht nur für Kinder“ S. 178).

Humusreiche Erde auf dem Speisezettel

Boden besteht aus anorganischem Material (über Verwitterungsprozesse in sehr kleine Teile zerlegtes Gestein) und organischen Bestandteilen, sogenanntem Humus (tote Pflanzen und Tiere in unterschiedlichen Verrottungsstadien). Auf ihrem Weg durch den Erdboden fressen sich Regenwürmer regelrecht durchs Leben und nehmen dabei toten Boden sowie Humus auf. Brauchbare Nährstoffe werden verdaut, der Rest wird ausgeschieden. Der nicht verdaute Humus ist nun noch weiter aufgespalten, der Verrottungsvorgang wurde im Wurmdarm beschleunigt. Die meisten Regenwurmarten entledigen sich ihres Kots unter der Erde. Der Große Wiesenwurm jedoch deponiert seine Ausscheidungen in charakteristischen krümeligen Häufchen an der Erdoberfläche. Zerreibt man solchen Wurmkot zwischen den Fingern, stellt man fest, wie fein und locker dieser erstklassige Dünger ist. In Mitteleuropa produzieren Regenwürmer je nach Lebensraum jährlich 40 bis 80 Tonnen fruchtbaren Wurmkots pro Hektar, der in den Gängen und an der Erdoberfläche abgesetzt wird.

Regenwurmkot ergibt hervorragenden Dünger.

Regenwürmer helfen nicht nur bei der Zersetzung organischen Materials im Erdboden, sie fressen auch oberirdisch liegende Blätter und andere Pflanzenteile. Diese müssen jedoch stark angewelkt sein, damit die Würmer sie verdauen können. Hierzu saugen sich die Regenwürmer mit Oberlippe und Mund an den Blattstielen fest und ziehen die Blätter in ihre Röhren. Besondere Sekrete fördern den Welkungsprozess. Auf diese Weise werden mehrere „Vorräte" angelegt, bis die Blätter sich als Nahrung für die Würmer eignen.

Regenwürmer kommen v.a. auf Wiesen in großer Zahl vor und können pro Hektar eine Gesamtmasse von drei bis sechs Tonnen zusammenbringen. Die weichen Würmer ohne störende Knochen, Beine, Schalen oder Chitinpanzer bieten eiweißreiche Nahrung für viele andere Tiere. Neben den bekannteren Fressfeinden wie Drosseln, Staren und Rotkehlchen aus der Reihe der Vögel haben sich z.B. auch Dachse, die größten heimischen Marder, auf Regenwürmer spezialisiert. In manchen Gebieten Großbritanniens stellen Regenwürmer sogar den Hauptbestandteil der Nahrung von Dachsen dar.

Fortpflanzung

Alle Regenwürmer sind Zwitter, d.h. sie besitzen männliche und weibliche Geschlechtsorgane. Trotzdem sind zur Fortpflanzung zwei Würmer nötig. Die meisten Regenwurmarten paaren sich unter der Erde. Den Gemeinen Regenwurm oder Tauwurm kann man mit etwas Glück jedoch an milden feuchten Sommerabenden auf dem Rasen bei der Paarung beobachten. Hierbei liegen die Würmer in unterschiedlicher Richtung längs eng aneinander, die Bauchborsten und ein besonderer Schleim, den der Gürtel produziert, halten die Partner zusammen.

Während der zwei bis drei Stunden dauernden Paarung tauschen die beiden Partner gegenseitig Samen aus, der in speziellen Taschen gespeichert wird. In den folgenden Tagen sondert der Gürtel weiter eine schleimähnliche Substanz ab, die den Wurm ringähnlich umgibt. Auf seinem Weg durchs Erdreich streift der Wurm Schleimringe ab, in die dabei Eier und Samen abgegeben werden. Die schnell erhärtenden Schleimpäckchen bilden bis zu 8 mm lange Kokons, die häufig mit einem Kothaufen ummantelt werden. Tauwürmer können bis zu 90 Eikokons produzieren, je nach Bodentemperatur ist die Entwicklungsdauer unterschiedlich.

Rotblind

Regenwürmer sehen kein rotes Licht. Will man die nachtaktiven Tiere z.B. bei der Paarung beobachten, sollte man eine Taschenlampe mit roter Folie oder rotem Transparentpapier überziehen, um die lichtempfindlichen Würmer nicht zu stören. Für erfolgreiche Beobachtungen sollten festes Auftreten und damit verbundene störende Erschütterungen ebenfalls vermieden werden.

Regenwürmer im Garten

Gemeiner Regenwurm, Tauwurm
Lumbricus terrestris
Von den 39 in Deutschland verbreiteten Regenwurmarten der bekannteste, bis 30 cm lang, vorderer Teil rot, Hinterende rosa-grau, bei geschlechtsreifen Tieren deutlich ausgeprägter Gürtel. Frisst auch weniger verrottete, weiche Pflanzenteile, sehr aktiver Wurm in vielen Lebensräumen.

Großer Wiesenwurm *Allolobophora longa*
12–18cm lang, blass braun-gelb mit abgeflachtem Gürtel. Frisst hauptsächlich unterirdisch, deponiert seine Kothaufen an der Erdoberfläche. In Wiesen und Gärten häufig.

Kompostwurm *Eisenia foetida* und *Eisenia andrei*
Zwei eng verwandte, sehr ähnliche Arten mit mehreren Farbvarianten, bis 10 cm lang; aufgrund seiner in Ringen hell und dunkel gefärbter Segmente auch „Tigerwurm" genannt. Im Vergleich zu anderen Regenwürmern vertragen Kompostwürmer höhere Temperaturen sowie feuchtere und saurere Bedingungen und sind daher häufig in Kompost- und Misthaufen zu finden. Ihre hohe Vermehrungsrate (bis zu vier Generationen pro Jahr mit über 140 Eikokons pro Wurm) hat sie zu beliebten Produkten im Gartenfachhandel werden lassen.

Schnecken

Schnecken (Gastropoda) gehören dem Stamm der Weichtiere (Mollusca) an. Um ihre weichen Körper zu schützen, haben viele Weichtiere im Laufe ihrer Entwicklung harte Schalen ausgebildet. Etwa drei Viertel dieser in Schalen steckenden Weichtiere sind Schnecken. Zahlreiche Weichtiere leben im Meer oder Süßwasser und nehmen Sauerstoff über Kiemen auf. Viele Schneckenarten haben jedoch Lungen entwickelt, leben an Land und bilden die Gruppe der Lungenschnecken. Der Großteil der bekannten Schneckenarten atmet über Lungen statt Kiemen, darunter auch einige Süßwasserschnecken. Ohne detailliert auf die Systematik einzugehen, kann man Schnecken grob in Gehäuseschnecken und Nacktschnecken einteilen.

LANDSCHNECKEN

Aufgrund des hohen Wasseranteils im Körper von Weichtieren stellt die größte Gefahr für an Land lebende Schnecken die Austrocknung dar. Um dem vorzubeugen, verstecken sich Schnecken bei trockenem Wetter, egal ob warm oder kalt, an feuchten Plätzen. Gehäuseschnecken sind zusätzlich durch ihre Schale, in die sich einige Arten ganz zurückziehen können, geschützt. Bei sehr kaltem oder trockenem Wetter wird der Eingang mit einem Schleim verschlossen, der bei einigen Arten zu einem festen Deckel, dem sogenannten Epiphragma, trocknet. Nacktschnecken müssen ohne den Schutz einer Schale zurechtkommen. Bei extremer Gefahr können sie ihre Körper zu kompakten, fast kugeligen Gebilden zusammenziehen. Die Haut erscheint hierbei lederartig und erschwert Angreifern das Zupacken oder Zubeißen. Ein besonders dicker Schleim macht die Schnecke als Futter zudem unattraktiv.

Das Epiphragma schützt die Gefleckte Weinbergschnecke vor Austrocknung.

Schnecken markieren
Gehäuseschnecken sind oft zu mehreren immer wieder an denselben Tagesverstecken zu finden. Hat man ein solches Versteck ausfindig gemacht, kann man die einzelnen Schnecken mit kleinen farbigen Punkten (z. B. mit Nagellack) auf dem Gehäuse markieren und so feststellen, ob sich in diesem Versteck am nächsten Tag die gleichen oder etwa ganz andere Schnecken aufhalten. Interessant kann es sein, verschiedene Unterschlüpfe von Schnecken im Garten zu beobachten.

Alle Landschnecken benötigen Schleim zur Fortbewegung, vor allem um über trockene Flächen zu gelangen. Drüsen auf der Oberfläche des sichtbaren Schneckenkörpers produzieren ein Sekret aus mit Eiweißstoffen verbundenen Zuckermolekülen, mit dessen Hilfe eine Schleimschicht gebildet wird, auf der sich die Schnecke „fließend" über alle möglichen Untergründe fortbewegen kann. Durch Muskeln in der Sohle wird der Fuß wellenartig vorwärtsbewegt, sodass unterschiedlich starker Druck auf den Schleim wirkt. Bei höherem Druck entsteht ein dünner Film, auf dem die Schnecke gleiten kann. Ist der Druck weniger stark, haftet der Fuß am Untergrund, sodass Schnecken auch an senkrechten Flächen Halt haben. Unterbrochene Schleimspuren verdeutlichen dies. Das Schneckentempo beträgt im Durchschnitt 3 bis 4 m pro Stunde.

Schleim ist zur Fortbewegung der Schnecken unerlässlich.

Die Produktion des Schleims ist sehr energieaufwendig, daher sind Schnecken nachts oder bei feuchtem Wetter aktiver, wenn die Gefahr des Austrocknens geringer ist. Manche Schnecken können bis zu 50 % des körpereigenen Wassers verlieren und dennoch überleben!

Bauplan der Schnecken

Der Fuß der Schnecke, auf dem bei Gehäuseschnecken die Schale sitzt, geht vorne in einen Kopf mit Fühlern über. Landschnecken besitzen jeweils zwei längere und zwei kürzere Fühler, an deren Enden die Augen sitzen. Das Sehvermögen von Schnecken ist sehr gering und geht über die Wahrnehmung von hell und dunkel nicht hinaus. Helligkeit ist aber von besonderer Bedeutung, da die Tiere sich über die Kontraste von hell und dunkel orientieren. Ein weiteres Mittel zur Orientierung sind die Fühler selbst. Diese sind mit zahlreichen Sinneszellen ausgestattet, sodass die Schnecke ihren Weg riechen, schmecken und fühlen kann. Diese „Stielaugen“ können bei Störungen, z. B. durch Berührung, nach innen gestülpt werden.

Die meisten inneren Organe der Schnecke befinden sich in einem Eingeweidesack, der nach außen von einer Hautfalte, dem sogenannten Mantel abgeschlossen wird. Bei Gehäuseschnecken liegt der Eingeweidesack zudem geschützt in der Schale, Nacktschnecken weisen einen sogenannten Mantelschild auf. Der Mantel bildet weiterhin die Mantelhöhle, in der das Atemloch mit einer sehr einfachen Lunge liegt. In dieser Höhlung werden frische und verbrauchte Atemluft ausgetauscht. Den benötigten Sauerstoff absorbiert die Schnecke direkt über Blutgefäße in der Lunge. Alle Schnecken können Sauerstoff aber auch direkt über die Haut aufnehmen. Gegen Angreifer wehrt sich die Schnecke u. a. auch, indem sie durch schnelles Öffnen und Schließen des Atemloches Schleim aufschäumt („Blasen“).

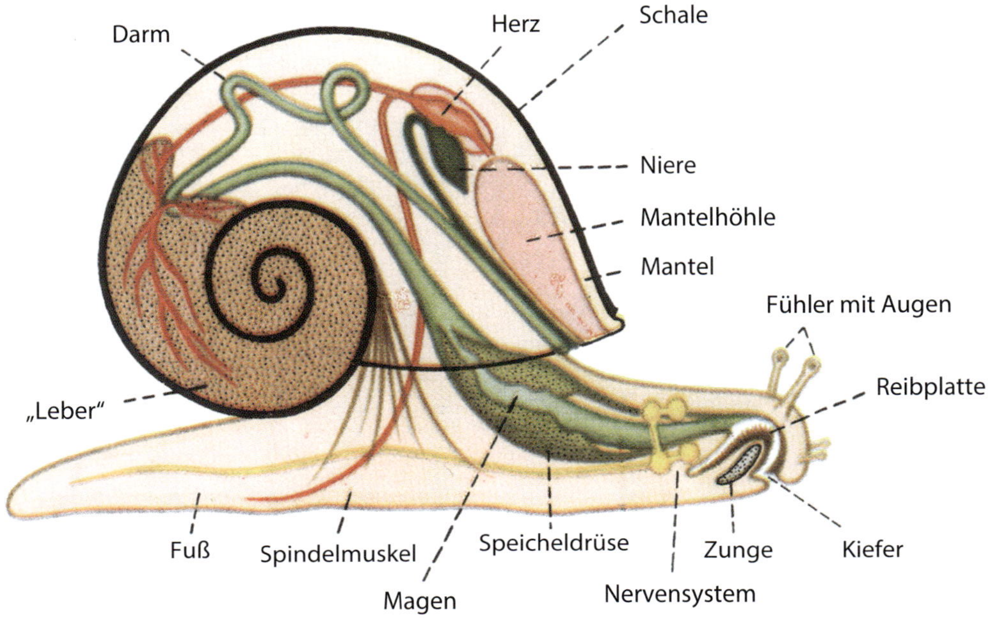

Körperbau und innere Organe der Gehäuseschnecken. Zeichnung aus: Schmeil – Tierkunde. Quelle & Meyer, Heidelberg 1986

Schneckenschmaus

Viele Landschnecken ernähren sich hauptsächlich von Pflanzen, Schnirkelschnecken sogar ausschließlich. Einige wenige Arten, vor allem Nacktschnecken fressen auch Pilze und Aas. Manche Arten, wie z. B. Tigerschnegel, leben sogar räuberisch und vertilgen selbst andere Schnecken. Schnecken besitzen keine Kiefer, Kau- oder Beißwerkzeuge, sie nehmen Nahrung mithilfe einer sogenannten Raspelzunge (Radula) auf. Diese „Zunge" besteht aus Chitin, derselben Substanz, aus der die Außenskelette von Gliederfüßern gebildet sind. Die Radula kommt bei fast allen Weichtieren vor und gilt als wichtiges gemeinsames Merkmal dieser Tiergruppe. Die Raspelzunge sitzt in einer Tasche nahe der Mundöffnung und wird zur Nahrungsaufnahme über einen Stützapparat vorgestreckt. Ähnlich einer Raspel schaben viele kleine Chitinzähnchen Material, das wie mit Schaufeln nach hinten in den Schlund befördert wird.

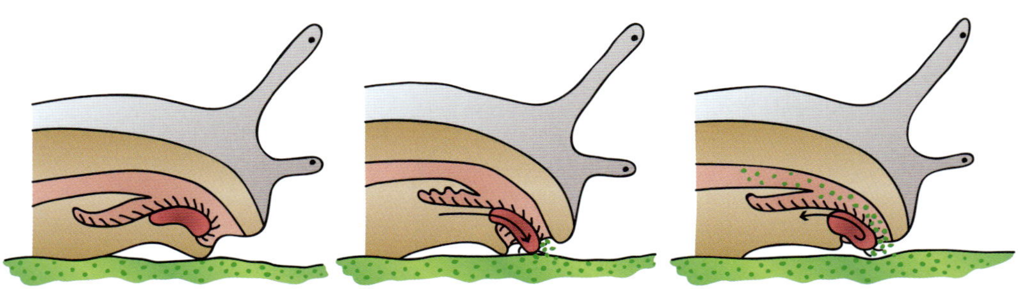

Mit der Radula raspelt die Schnecke Nahrungsteile und befördert sie in den Schlund.

Schneckenhäuser

Der Mantel dient auch zur Schalenbildung. Drüsen auf der Manteloberfläche sondern Sekrete zur Bildung der Schale ab. Diese besteht aus einer kalkigen inneren Schicht, die ihre Farbe durch die Auflage einer dünnen, hornigen äußeren Schicht erhält. Schneckenhäuser wachsen mit den Schnecken mit, indem am Rand des Hauses neues Material angefügt wird. Im Frühjahr kann man am äußeren Rand der Gehäuseöffnung, dem Mundsaum, die sehr dünnen und papierähnlichen Schichtzuwächse sehen. Bei einigen Arten ist der Mundsaum nach außen leicht gebogen, sodass eine Lippe entsteht. Die Ringe und Rillen der äußeren Schale geben Aufschluss über die Bedingungen, unter denen das Gehäuse gebildet wurde. Unter für die Schnecke guten Lebensbedingungen werden breitere, dickere Ringe angelegt, bei ungünstigen Verhältnissen wächst die Schnecke langsamer und die Ringe bleiben schmaler. Gehäuseschnecken legen die Schale schon im Ei an, nach dem Schlüpfen ist das Haus sehr dünn und anfällig. Schneckenhäuser sind asymmetrisch und haben eine deutliche Ober- und Unterseite.

Auf der Unterseite ist bei manchen Arten ein offener Nabel zu sehen. Die Windungsrichtung von Schneckenhäusern ist artspezifisch. Weinbergschnecken beispielsweise bilden i.d.R. ein rechtsgängiges Gehäuse, d.h. vom höchsten Punkt (Apex) windet sich das Schneckenhaus rechtsherum (im Uhrzeigersinn) zur Mündung. Allerdings passiert es sehr selten doch, dass eine Schale in die andere Richtung gedreht ist. Hierbei kommt auf mehrere Tausend Weinbergschnecken mit rechtsgängigem Gehäuse ein sogenannter Schneckenkönig, dessen Haus linksherum gedreht ist.

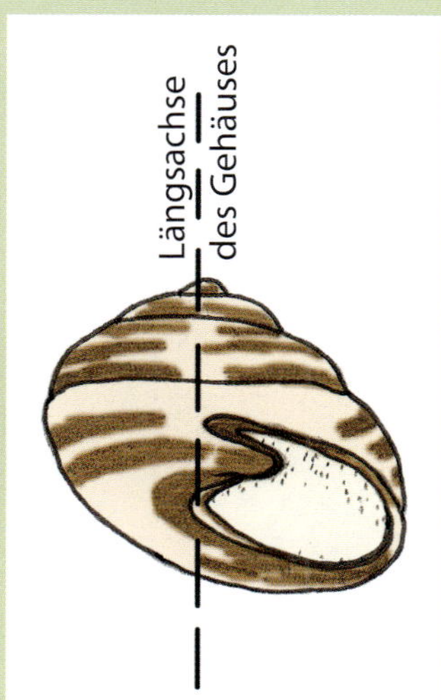

Rechts- oder linksdrehend?
Hält man die Schnecke mit der Gehäuseöffnung nach vorne (dem Betrachter zu gewandt) und dem Schneckenhaus nach oben zeigend und die Öffnung befindet sich rechts von der Längsachse des Gehäuses, handelt es sich um eine rechtsdrehende Schale. Liegt die Öffnung links der Längsachse, hat man entsprechend ein linksdrehendes Schneckenhaus vor sich.

Die Gehäuseöffnung befindet sich rechts der Längsachse, es handelt sich um ein rechtsdrehendes Schneckenhaus.

Schneckenhochzeit

Alle Landschnecken sind Zwitter, d.h. sie besitzen männliche und weibliche Geschlechtsorgane. Je nach Art unterscheiden sich die Paarungsrituale in Dauer und Ausführung.

Besonders ausgeprägt ist das Verhalten der **Weinbergschnecken**, das in feuchten, warmen Frühlingsnächten im Taschenlampenlicht beobachtet werden kann. Mithilfe von Duftstoffen lockt eine paarungsbereite Schnecke einen Partner an. Haben sich zwei Schnecken gefunden, richten sie sich Sohle an Sohle auf, betasten sich ausgiebig gegenseitig mit ihren Fühlern und bringen sich in Stimmung, indem ein Partner dem anderen einen sogenannten Liebespfeil, ein bis zu 11 mm langes Kalkstilett, in den Fuß sticht. Hierbei werden u. a. Hormone übertragen, die sich positiv auf den Erfolg einer Paarung auswirken. Nach diesem mehrere Stunden dauernden „Tanz" folgt die eigentliche Begattung, bei der etwa 10 cm lange Samenpakete, die Spermatophoren in die Geschlechtsöffnung am Kopf der jeweils anderen Schnecke platziert werden. Um die langen Samenpakete nicht zu beschädigen, verharren die Schnecken bei der Übertragung bewegungslos. In einer speziellen Tasche werden die Samen z. T. mehrerer Partner gespeichert, bis etwa vier bis sechs Wochen später die Schnecke einen geeigneten Ort zur Eiablage gefunden hat. Erst dann werden die Eier befruchtet. Mit Fuß und Schale gräbt die Schnecke ein etwa 5 cm tiefes Loch in lockerem Boden, in das sie bis zu 60 erbsengroße weiße Eier ablegt. Hat eine Schnecke einmal mit der Eiablage begonnen, kann diese nicht mehr unterbrochen werden. Eine bei der Eiablage gestörte Schnecke legt auch an einem anderen, ungünstigen Ort weiter Eier. Nach drei bis vier Wochen schlüpfen die jungen Weinbergschnecken

Die Paarung der Weinbergschnecken dauert oft mehrere Stunden.

Auch andere Schneckenarten veranstalten spektakuläre Liebesspiele. **Tigerschnegel** beispielsweise verfolgen einen Partner und bringen ihn durch Körperkontakt in Paarungsstimmung. Kopf an Schwanz bilden die Tiere einen Kreis, während sie sich „tanzend" auf einen Abgrund zu bewegen. Der hierbei abgesonderte Schleim sammelt sich zwischen den Partnern, bis diese sich eng umschlungen an etwa 40 cm langen kräftigen Schleimfäden von einem Ast oder einer Mauerkante abseilen. In dieser Haltung werden ähnlich wie bei den Weinbergschnecken Samenpakete ausgetauscht. Anschließend trennen sich die Schnegel, indem sich ein Tier zu Boden fallen lässt, während das andere am Schleimfaden aufwärts kriecht. Die farblosen Eier werden einige Wochen später in unregelmäßigen Haufen mit 100 bis 200 Eiern abgelegt.

Schneckeneier werden in unregelmäßigen Haufen in der Erde abgelegt.

Natürliche Feinde der Schnecken

Schnecken sind gegenüber natürlichen Feinden trotz Schleim und Gehäusen relativ wehrlos und eine willkommene Eiweißquelle. Viele Insekten ernähren sich u. a. von Schnecken, darunter am Boden lebende Käfer wie Laufkäfer, die Larven der Leuchtkäfer und Ameisen, aber auch andere Wirbellose, z. B. einige Spinnenarten sowie räuberisch lebende Schnecken. Ein richtiger Schneckenschreck unter den Wirbeltieren sind Erdkröten, die es selbst mit fetten Nacktschnecken aufnehmen. Leider sind Erdkröten in Gärten immer seltener zu finden. Weiter verbreitet sind Igel, Spitzmaus und Singdrossel, ebenfalls exzellente Schnecken-Vertilger. Um an das begehrte Schneckenfleisch der Schnirkelschnecken zu gelangen, haben Singdrosseln eine besondere Technik entwickelt. Mit dem Schnabel schlagen die Vögel die Schneckenhäuser gegen einen Stein und brechen so die Schale auf. Im Volksmund werden Plätze, an denen gehäuft aufgeschlagene Schneckenhäuser zu finden sind, als „Drosselschmiede" bezeichnet.

Erdkröte.

Von Singdrosseln zerschmetterte Schneckenschalen kennzeichnen die sogenannten Drosselschmieden.

„Schädling Schnecke"

Allzu oft werden Schnecken als der „Erzfeind der Gärtner" bezeichnet. Wirklich gefährlich werden den Salatpflanzen und Blumen aber wohl nur wenige Arten, darunter vor allem auch die Spanische Wegschnecke. Zugegeben, dies ist durchaus ärgerlich und der Griff zum Schneckenkorn, selbst „biologischem", einfach. Durch den Einsatz unterschiedlichster Methoden zur Bekämpfung der Schnecken werden aber – wie so oft – eine ganze Reihe anderer, vielleicht sogar in ihrem Bestand gefährdeter Arten ebenfalls geschädigt. Schnecken gehören in den Garten! Je größer die Vielfalt an Strukturen, Pflanzen und Tieren ist, umso „natürlicher" funktioniert der Garten. Tipps zu Gärten, in denen auch Schnecken willkommen sind, finden sich in den Kapiteln „Wirbellosenfreundlicher Garten" (s. S. 143) und „Probleme" (s. S. 161).

Zu Schnecken und anderen Weichtieren sind zahlreiche Fachbücher im Handel und Informationen im Internet erhältlich. Besonders hingewiesen sei hier auf die Website „Die lebende Welt der Weichtiere" unter ***www.weichtiere.at***.

Gehäuseschnecken im Garten

Außer bei jungen, noch nicht ausgewachsenen Schnecken ist die Bestimmung der meisten Schnecken im Garten recht einfach.

Weinbergschnecke *Helix pomatia*
Größte heimische Gehäuseschnecke mit bis zu 50 mm großem Haus mit hellbrauner Grundfarbe und dunkleren Bändern; an kalkhaltige Böden gebunden. Weinbergschnecken sind in den namengebenden Weinbergen nur noch selten zu finden, Pestizide haben die Art von dort vertrieben.

Weinbergschnecken stehen unter Naturschutz!

Gefleckte Weinbergschnecke *Helix aspersa, Cornu aspersum*
Bis 40 mm großes, gerunzeltes Gehäuse mit gelbbrauner Grundfarbe, die dunkleren, gefleckten Längsbänder weisen helle Zickzackmuster auf; bewohnt eine Vielzahl verschiedener Lebensräume, in Deutschland nur in Gegenden mit milden Wintern. Die gefleckte Weinbergschnecke kann ihr Gehäuse nicht mit einem festen Kalkdeckel, sondern nur mit einer erhärtenden Schleimschicht verschließen, sodass die Art nicht an tiefere Wintertemperaturen angepasst ist.

Die Gefleckte Weinbergschnecke steht ebenfalls unter Naturschutz!

Gefleckte Schnirkelschnecke, Baumschnecke
Arianta arbustorum
Bis 25 mm großes Gehäuse mit kastanienbrauner Grundfarbe, mit oder ohne dunklere Bänder, in der Gehäusefärbung sehr variabel, in Gärten häufig.

Garten-Bänderschnecke, Weißmündige Bänderschnecke, Garten-Schnirkelschnecke *Cepaea hortensis* und

Hain-Bänderschnecke, Braunmündige Bänderschnecke, Hainschnirkelschnecke *Cepaea nemoralis*

Garten-Bänder- und Hain-Bänderschnecken können in der Färbung ihrer Häuser je nach Lebensraum sehr variieren. Die Grundfarbe der Schalen reicht von hellgelb bis zu dunkelrosa, mit mehreren, einem oder gar keinem Band. Diese beiden Bänderschnecken unterscheiden sich in der Farbe der Gehäuselippe, die bei der Garten-Bänderschnecke weiß und bei der Hain-Bänderschnecke braun bis schwarz ist. Beide Arten kommen im Gebüsch und der Krautschicht von Wäldern und Gärten vor.

Knoblauch-Glanzschnecke *Oxychilus alliarius*

Kleine, blaugraue Schnecke mit braunem oder grünem, glänzendem bis zu 6 mm großem Gehäuse. Bei Gefahr verströmt die Schnecke einen Geruch nach Knoblauch, der als eindeutiges Bestimmungsmerkmal gilt.

Steinpicker *Helicigona lapicida*

Flaches, linsenförmiges, bis 20 mm großes Gehäuse mit deutlichem Kiel, braungraue, rotbraun gefleckte Schale mit weitem offenem Nabel; in Felsen und Mauern, oft mit Pflanzen bewachsen, in deren Ritzen sich die Schnecke versteckt.

Gefleckte Schüsselschnecke,

Gefleckte Diskusschnecke *Discus rotundatus*

Kleine Schnecke mit bis zu 7 mm großem, gelblichbraunem Gehäuse mit oder ohne rötliche Bänder. Der Name Schüsselschnecke kommt daher, dass auf der Unterseite der Nabel offen liegt und so das Gehäuse schüsselförmig erscheint.

Rucksackschnecke *Testacella haliotidea*
Erscheint auf den ersten Blick wie eine sehr helle Nacktschnecke, bei genauerer Betrachtung erkennt man am hinteren Schneckenkörper eine stark zurückgebildete Schale. Rucksackschnecken sind in Gärten recht häufig, aufgrund ihrer unterirdischen Lebensweise bleiben sie aber meist unbemerkt. Hauptnahrung der räuberischen Schnecken sind Regenwürmer, die sie ganz verschlingen.

Nacktschnecken im Garten

Nacktschnecken besitzen kein Schneckenhaus. Sie werden grob in zwei Gruppen, Wegschnecken und Schnegel, unterteilt. Wichtigstes Unterscheidungsmerkmal ist die Lage des Atemlochs, das bei Wegschnecken in der vorderen Hälfte des Mantelschildes, bei Schnegeln in der hinteren Hälfte liegt. Schnegel weisen zudem einen gekielten Schwanz mit hellem „Aalstrich" auf. Bei Schnegeln findet sich noch eine sehr stark reduzierte Schale, die völlig vom Mantelschild bedeckt und nicht zu sehen ist.

Rote Wegschnecke.

Große Wegschnecken:
Rote Wegschnecke *Arion rufus*,
Schwarze Wegschnecke *Arion ater*
Spanische Wegschnecke, Kapuzinerschnecke
Arion lusitanicus
Die Verwandtschaftsverhältnisse und Artbestimmung bei den Großen Wegschnecken ist anscheinend komplizierter als gedacht. Rote und Schwarze Wegschnecke wurden bis vor einigen Jahren als Unterarten von *Arion ater* angesehen. Diese bis 15 cm langen Wegschnecken sind in der Färbung sehr variabel und häufig nur an inneren Organen zu unterscheiden. Häufig rotbraun oder dunkelbraun gefärbt, es kommen aber auch schwarze, graue, rote und orange Exemplare vor. Die Spanische Wegschnecke ist bis zu 12cm lang, rötlich-braun mit vielen Varianten, äußerlich von der Roten Wegschnecke nicht zu unterscheiden, aber niemals tiefschwarz gefärbt. Da die Spanische Wegschnecke durch besonders starke Schleimbildung gut vor Austrocknung und gegen Fressfeinde geschützt ist, sind die Tiere auch am Tag unterwegs.
Rote und Schwarze Wegschnecke ernähren sich von häufig angewelkten Pflanzen und totem organischem Material. Die Spanische Wegschnecke frisst mit Vorliebe saftige Grünpflanzen und Aas, aber auch lebende Tiere.

Schwarze Wegschnecke.

Spanische Wegschnecke.

„Gartenschreck" unter Naturschutz
In Gärten ist die noch vor wenigen Jahrzehnten weitverbreitete Rote Wegschnecke fast völlig von der eingeschleppten Spanischen Wegschnecke verdrängt worden und heute eher in feuchten Wiesen und an Waldrändern zu finden. In Bayern wurde die Rote Wegschnecke daher in die Kategorie „gefährdet" der Roten Liste der vom Aussterben gefährdeten Tierarten aufgenommen und genießt damit besonderen Schutz.

Doch kein Einwanderer
Lange Zeit galt die Spanische Wegschnecke in Deutschland als eingewanderte Art, die ursprünglich von der Iberischen Halbinsel stamme. Zum ersten Mal wurde sie im Jahr 1969 in Südwest-Deutschland registriert. Spanische Wegschnecken sind auch in trockeneren Lebensräumen unterwegs und bis in den Dezember hinein in Gärten zu finden, wo sie Rote und Schwarze Wegschnecken weitgehend verdrängt haben. Nicht zuletzt aufgrund hoher Eizahlen pro Gelege (bis zu 400 Stück!) konnten sich die Spanischen Wegschnecken in den letzten Jahren rapide vermehren und sind heute die häufigste Nacktschneckenart und eine der häufigsten Schneckenarten in Deutschland überhaupt. Die rapide Vermehrung aufgrund günstiger Bedingungen und damit häufigere Beobachtung kam einer Invasion gleich. Tatsächlich haben Forscher nun anhand genetischer Untersuchungen herausgefunden, dass die bei uns bekannte Spanische Wegschnecke nicht in Spanien vorkommt, sondern schon immer heimisch war, von den anderen Großen Wegschnecken aber nicht unterschieden wurde.

Echte Gartenwegschnecke *Arion hortensis*
Dunkelgrau oder schwarz mit gelblicher Sohle, bis zu 4 cm lang, lebt unterirdisch, ernährt sich von Wurzeln und Wurzelgemüse.

Genetzte Ackerschnecke *Deroceras reticulatum*
Gelblich-weiß bis grau, oft mit dunklerer Netzzeichnung, helle Sohle, bis zu 60 mm lang; an hohen Pflanzen, in Bodenspalten und unter Holz und Steinen. Die Ackerschnecke ist besonders empfindlich gegen Trockenheit und daher nachtaktiv, sie verrät ihre Anwesenheit durch sehr deutliche silbrig glänzende Schleimspuren. Bevorzugt die nicht grünen Pflanzenteile und frisst auch unterirdisch, Jungschnecken fressen hauptsächlich Wurzeln.

Die Paarung der Tigerschnegel ist ein spektakuläres Naturschauspiel.

Tigerschnegel Großer Schnegel *Limax maximus*
10–20 cm langer Schnegel (Atemloch in hinterer Mantelschildhälfte, gekielter Schwanz), dunkle in Längsreihen verlaufende Flecken auf hellem Grund, helle Fußsohle; ernährt sich von Pilzen und toten Tieren und Pflanzen, manche Tiere leben räuberisch. Weit verbreitet und häufig.

Schwarzer Schnegel *Limax cinereoniger*
Schwarzer oder grauer Schnegel mit hellem Aalstrich am Schwanzende, Fußsohle nur in der Mitte hell, an den Enden dunkel; kann mehr als 20 cm lang werden. Lebensweise ähnlich Tigerschnegel.

WASSERSCHNECKEN

Unter den im Gartenteich lebenden Schneckenarten finden sich Kiemenatmer ebenso wie Lungenschnecken. Im Wasser lebende Lungenschnecken müssen zur Aufnahme von Sauerstoff an die Wasseroberfläche kommen. Im Unterschied zu den Landschnecken besitzen sie keine Mantelfalte und nur zwei Fühler. Wie bei den landlebenden Schnecken sitzen am Ende der Fühler die Augen, die Fühler können jedoch nicht eingezogen werden. Schnecken, die über Kiemen atmen, weisen zudem einen schnauzenförmig ausgezogenen Kopf sowie einen Deckel am Ende des Schwanzes auf.
Die meisten im Wasser lebenden Schnecken legen ihre Eier umhüllt von einer durchsichtigen gelartigen Substanz an der Unterseite von Wasserpflanzenblättern ab. Größe und Form dieser Päckchen sind z. T. artspezifisch.

Spitze Sumpfdeckelschnecke
Viviparus contectus
Kiemenatmende Schnecke mit Deckel am Fußende, kegelförmiges grünbraunes Gehäuse mit rotbrauner Bänderung, bis 45 mm hoch und 35 mm breit, deutlich stufig abgesetzte Umgänge. In besonnten, stark verkrauteten Gartenteichen und Schlamm.

Tellerschnecken
Das Gehäuse der Tellerschnecken ist scheibenförmig mit einer flachen Vertiefung in der Mitte ähnlich einem Teller. In Gartenteichen kommen vor allem die heimische **Posthornschnecke** und die **Tellerschnecke** vor. Beide Arten ernähren sich hauptsächlich von Algen, die von Pflanzen abgeweidet werden. Tellerschnecken sind Lungenatmer.

Amerikanische Posthornschnecke
Der heimischen Posthornschnecke sehr ähnliche Tellerschneckenarten werden häufig auch in Aquarien gehalten. Allerdings handelt es sich hierbei meistens um die ursprünglich in Südamerika beheimatete, kiemenatmende Amerikanische Posthornschnecke *Marisa rotula,* die an ihrem am Fußende sitzenden Deckel gut zu erkennen ist. Im Gegensatz zur Amerikanischen Posthornschnecke, die im Gartenteich nicht überleben könnte, tolerieren die heimischen Arten mitteleuropäische Wintertemperaturen und verfallen in eine Art Winterruhe.

Posthornschnecke *Planorbis corneus*
Scheibenförmiges Gehäuse mit bis zu 40 mm Durchmesser und bis 20 mm Dicke; i.d.R. rötlich brauner Fuß, es kommen aber auch hellrot gefärbte Albino-Formen vor.

Tellerschnecke *Planorbis planorbis*
Scheibenförmiges Gehäuse mit bis zu 35 mm Durchmesser und bis 12 mm Dicke, hellbraun, eng beieinander liegende Wachstumsringe der Schale, deutlicher Kiel rings um das Gehäuse.

Schlammschnecken

Schlammschnecken nehmen wie Tellerschnecken Sauerstoff über Lungen auf. Hierzu „kriechen" sie häufig auf einer Schleimspur entlang der Unterseite der Wasseroberfläche. Sie ernähren sich von lebenden und toten Pflanzen sowie Aas.

Spitzschlammschnecke *Lymnaea stagnalis*
In Deutschland häufigste Schlammschnecke, in zugewachsenen Gartenteichen, mit bis 70 mm Gehäusehöhe größte heimische Lungenschnecke, relativ dünnwandige braun-gelbe Schale mit langer Spitze.

Asseln

Asseln sind weitverbreitet und in Gärten häufig. Die Tiere sind unter Blumentöpfen, Trittsteinen und in der Laubschicht sowie im Komposthaufen zu finden. Wie Regenwürmer und Tausendfüßer spielen Asseln bei der Zersetzung von totem organischem Material eine Rolle.
Asseln besitzen gegliederte Beine, gehören also zum Stamm der Gliederfüßer. Innerhalb dieser systematischen Gruppe zählen sie zu den Krebstieren (Crustacea), deren wichtige Körpermerkmale u.a. zwei Paar Fühler sowie Atmung über Kiemen sind. Krebstiere mit 14 Beinen, die alle gleich gebaut sind, gehören zur Ordnung Asseln (Isopoden = Gleichfüßer). Die meisten Isopodenarten leben im Wasser, etwa 3500 Arten haben sich jedoch im Laufe ihrer Entwicklung an das Leben an Land angepasst und bilden die Unterordnung der Landasseln.

Bauplan der Landasseln

Die Körper der Asseln sind längsoval mit ovalem abgeflachtem Querschnitt ausgebildet, sodass die Tiere auch in sehr flachen Ritzen und Spalten Platz finden. Der Kopf mit zwei Facettenaugen sowie jeweils zwei längeren und zwei sehr kurzen Fühlern ist mit dem ersten von insgesamt sieben Brustabschnitten verwachsen. Die einzelnen Brustabschnitte tragen überlappende Rückenschilder und sind bis auf den ersten frei gegeneinander beweglich. An ihnen sitzen 14 Beine in sieben Paaren, die zum Laufen wellenartig bewegt werden. Die kalkhaltigen Rückenschilde sind relativ hart und schützen den Körper. Der Hinterleib besteht aus weiteren vier Segmenten. Auf der Unterseite des Hinterleibes sitzen flache Plättchen aus umgebildeten Beinen, die die Pseudotracheen (Kiemen der Landasseln) abdecken. Am Hinterende sind kurze Tastorgane, sogenannte Uropoden zu erkennen. Manche Asselarten rollen sich bei Gefahr zusammen und schützen so die weichere Unterseite.
Um wachsen zu können, müssen sich Asseln wie alle Gliederfüßer von Zeit zu Zeit häuten und das zu klein gewordenen Exoskelett abstreifen. Im Unterschied zu anderen Gliederfüßern entledigen sich Asseln ihrer alten Haut in zwei Schritten. Dabei platzt der Panzer in der Mitte auf und wird erst hinten und einige Tage später vorne abgestreift. Die abgestreifte Außenhaut wird gefressen.

Kiemenatmung an Land?

Auf der Unterseite der Asseln sind hinter dem letzten Beinpaar blasse schuppenförmige Gebilde zu erkennen. Hier liegen die Kiemen bzw. Atmungsöffnungen, sogenannte Pseudotracheen. An derselben Stelle sitzen bei im Wasser lebenden Asseln die Kiemen, durch die Wasser geleitet und darin enthaltener Sauerstoff aufgenommen wird. Auch bei Landasseln müssen die Kiemen feucht gehalten werden, um zu funktionieren. Zu diesem Zweck ist der Asselkörper mit offenen Längsrinnen ausgestattet, durch die Wasser fließt. Über dieses Transportsystem werden auch Abfallstoffe wie beispielsweise Ammoniak ausgeschieden. Verschiedene Landasselarten benutzen ihre Pseudotracheen in unterschiedlichem Maß, z.T. in Kombination mit Kiemen. Mauerasseln z.B. können Sauerstoff ausschließlich über Kiemen aufnehmen. Bei besser an das Leben an Land angepassten Arten wie Keller- und Rollassel ist die Sauerstoffversorgung über Kiemen allein zum Überleben jedoch nicht mehr ausreichend.
Obwohl Landasseln Wasser meiden, weil sie nicht schwimmen können, benötigen sie zum Überleben doch eine feuchte Umgebung, da ihre Panzer sie nicht gegen Austrocknung schützen und die Kiemen bei Trockenheit nicht funktionieren können.

Asseln als Humusbildner

Asseln sind nachtaktiv und verstecken sich tagsüber häufig zu mehreren in der Laubschicht, unter Steinen, Blumentöpfen und Holz. Bevorzugte Nahrung sind verrottendes Holz und Laub, sie fressen aber auch andere organische und anorganische Bodenbestandteile sowie Pilze und Algen. Unverdaute Nahrung wird ausgeschieden und der Kot z.T. wieder gefressen und weiter verdaut. Wie Regenwurmkot ist Asselkot ein exzellenter Dünger.

Stinkende Asseln
Beim Stoffwechsel der Asseln fällt Ammoniak an, das über Verdunstung ausgeschieden wird. Ein einfacher Versuch macht dies deutlich. Hierzu wird ein Behälter mit fest schließendem Deckel, z.B. ein Marmeladenglas, zur Hälfte mit feuchter Erde, Laub und Rindenstücken oder morschem Holz gefüllt und mehrere Asseln der gleichen Art hineingesetzt. Die Luft im Behälter reicht für mehrere Tage. Wird nun der Deckel geöffnet, ist der starke Ammoniakgeruch deutlich wahrzunehmen.

Fortpflanzung

Die Paarung männlicher und weiblicher Asseln ist im Vergleich zum Liebesspiel mancher Regenwürmer und Schnecken recht unspektakulär. Die Weibchen bilden an der Körperunterseite zwischen den Beinen eine mit Flüssigkeit gefüllte Brutblase, das sogenannte Marsupium. Hierein werden die befruchteten Eier gelegt. Das Marsupium ist auch ohne Lupe gut zu erkennen. Nach dem Schlupf werden die Jungen vom Weibchen noch einige Zeit mit herumgetragen, bis ihr Panzer nach mehreren Häutungen genügend hart ist, um Schutz zu bieten. Asseln können bis zu vier Jahre alt werden!

Asseln im Garten

Mauerassel *Oniscus asellus*
Bis 18 mm lang, dunkelgrau bis schwarzbraun, auf dem Rücken zwei Reihen heller Flecken in Längsrichtung. In Gärten häufigste Assel, auf hohe Luftfeuchtigkeit angewiesen.

Kellerassel *Porcellio scaber*
Bis 14 mm lang, schiefergrau bis gelblich, der Rückenpanzer ist mit winzigen punktförmigen Erhebungen übersät. Häufig unter Steinen und Holzstämmen, aber auch in Borkenritzen zu finden. In Häusern halten sich Kellerasseln in dunklen feuchten Räumen auf und fressen zuweilen auch an Lebensmittelvorräten wie Kartoffeln.

Rollassel *Armadillidium vulgare*
Bis 11 mm lang, schiefergrau bis graubraun oder braunschwarz, Panzer mit glatter Oberfläche, Weibchen häufig hell gemustert, rollt sich bei Gefahr zu einer festen Kugel zusammen. Die Panzer der Rollasseln sind mit einer wachsartigen Schicht überzogen und schützen vor Austrocknung. Die auch in trockeneren Lebensräumen vorkommenden Tiere atmen vollständig über Pseudotracheen.

Rollassel oder Saftkugler?
Rollasseln sehen den ebenfalls in der Laubschicht vorkommenden Saftkuglern sehr ähnlich und sind leicht zu verwechseln. Im Gegensatz zur Rollassel mit elf Körperabschnitten besitzt der zu den Tausendfüßern zählende Saftkugler (s. S. 55) jedoch 13 Segmente, an denen beim Saftkugler jeweils zwei Beinpaare sitzen. Saftkugler sind zudem einheitlicher gefärbt und erscheinen glänzender.

Tausendfüßer

Wirbellose mit mehr Beinen, als auf den ersten oder zweiten Blick zu zählen sind, bilden die Überklasse der Tausendfüßer mit vier Klassen, darunter auch die der Hundertfüßer und die der Doppelfüßer. Der wissenschaftliche Name „Myriapoden" (= unzählige Beine) erscheint hierbei für die Überklasse wesentlich passender als der deutsche Name „Tausendfüßer", da einzelne Arten der Doppelfüßer das Wort „Tausendfüßer" im Artnamen tragen und so Verwirrung entsteht. Hundertfüßer und gemeinhin als Tausendfüßer bezeichnete Tiere zählen alle zu den Tausendfüßern. Gemeinsam ist allen Myriapoden die einheitliche Gliederung der einzelnen Körperabschnitte (Segmente), die von Rückenplatten bedeckt sind. In Körperbau und Lebensweise unterscheiden sich Hundertfüßer und Doppelfüßer jedoch deutlich.

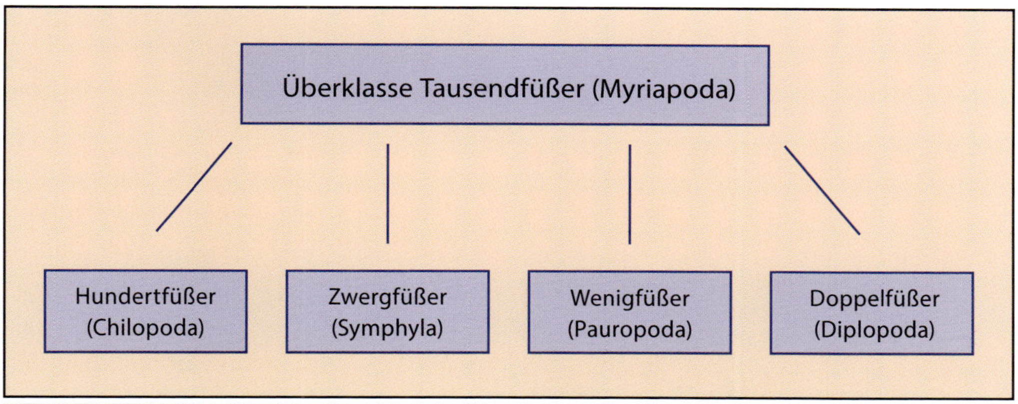

Systematik der Tausendfüßer

Hundertfüßer

Hundertfüßer sind sehr schnelle Jäger, die in Laub- und Bodenschichten nach Beute wie z. B. Würmern und Insektenlarven suchen. Der Körper ist flach mit jeweils zwei relativ langen Beinen pro Segment, das letzte Laufbeinpaar wird häufig erhoben getragen. Am flachen Kopf sitzen zwei lange Fühler, die empfindlich auf Berührungen und Erschütterungen reagieren. Unten am Kopf liegen zwei aus Beinen hervorgegangene Giftklauen, sogenannte Maxillipeden, mit denen Gift in die Beute gespritzt wird. Das Gift der Hundertfüßer entspricht etwa dem von Wespen und wirkt sehr schnell. Viele Hundertfüßerarten haben aus mehreren kleinen Punktaugen zusammengesetzte Augen, die Sehfähigkeit ist jedoch sehr begrenzt. Die nachtaktiven Tiere verlassen sich in ihrem dunklen Lebensraum auf ihren Tastsinn. Neben den „normalen" Fühlern am Kopf befinden sich Sinneszellen in den Beinen, am hinteren Körperende sitzen sogar aus Beinen umgewandelte Tastorgane.
Hundertfüßer sind sehr agil und schwer zu fangen oder zu betrachten. Ans Tageslicht gebracht, versuchen sie schnellstmöglich wieder in eine bevorzugt dunkle Umgebung zu gelangen.

Fortpflanzung

Bei allen Hundertfüßerarten erfolgt die Fortpflanzung ohne direkte Paarung von Männchen und Weibchen. Stattdessen legen die Männchen Samenpakete, sogenannte Spermatophoren häufig auf einem Gespinst ab, die dann von den Weibchen mit den Geschlechtsöffnungen aufgenommen werden. Je nach Art gibt es bei der Übertragung der Samen unterschiedliche Verhaltensweisen. Bei manchen Arten wie z. B. den Erdläufern betreiben die Weibchen Brutpflege, schützen und säubern die Eier regelmäßig und füttern die frisch geschlüpften Jungtiere.

Hundertfüßer im Garten

Gemeiner Steinläufer *Lithobius forficatus*
Bis 30 mm lang, braun glänzend, manchmal rötlich, im Verhältnis zum Körper sehr lang erscheinende Beine und Fühler. In der Laubschicht und unter Steinen häufig.

Gemeiner Erdläufer *Geophilus longicornis*
Bis 40 mm lang, gelblich-braun mit rötlichem Kopf. Überall in den obersten Bodenschichten, auch unter Steinen und Holz.

Doppelfüßer

Doppelfüßer leben in den oberen Bodenschichten und ernähren sich hauptsächlich von totem pflanzlichem Material, manchmal auch von Aas. Der segmentierte Körper ist sehr kompakt mit rundem Querschnitt. An jedem Körperabschnitt sitzen jeweils vier kurze Beine, auf jeder Seite zwei, daher der Name „Doppelfüßer". Der Kopf wirkt wie nach unten abgeknickt, sodass die Tiere mit den zwei kurzen Fühlern den Untergrund abtasten können. Die Augen der Doppelfüßer sind noch einfacher als die von Hundertfüßern und bestehen aus Feldern winziger Einzelaugen, mit denen die Tiere nur hell und dunkel wahrnehmen können. Beine, Kopf und Fühler sind unter dem Körper oft nicht sofort zu sehen. Aufgrund ihrer recht kurzen Beine sind Doppelfüßer nicht besonders schnell. Die Menge bewirkt bei der Fortbewegung durch den Boden jedoch eine enorme Kraft, die man fühlen kann, wenn man einen Tausendfüßer in der geschlossenen Hand hält. Um Feinde abzuwehren, stellen sich Doppelfüßer tot, viele Arten sondern zudem ein blausäurehaltiges Wehrsekret ab.

Aus zwei mach vier
Im Gegensatz zu Hundertfüßern mit zwei Beinen pro Segment besitzen Doppelfüßer jeweils vier Beine in zwei Paaren pro Körperabschnitt. Ursprünglich hatten auch Tausendfüßer ein Beinpaar pro Segment, diese sind jedoch im Laufe der Entwicklung zu Doppelsegmenten verschmolzen, sogenannten Diplosegmenten, die entsprechend jeweils zwei Beinpaare tragen.

Fortpflanzung

Im Gegensatz zu Hundertfüßern paaren sich Doppelfüßer, d.h. die Männchen übertragen Samen direkt in den Körper der Weibchen. Die Eier werden in der Erde abgelegt, Brutpflege betreiben nur wenige Arten.

Doppelfüßer im Garten

Gerandeter Saftkugler, Gesäumter Saftkugler *Glomeris marginata*
Bis 20 mm lang, glänzend braun mit hellem Rand um die einzelnen Segmente, rollt sich bei Gefahr zu einer festen Kugel zusammen. Leicht mit der Rollassel (s. S. 52) zu verwechseln, pro Segment jedoch vier Beine (zwei bei der Rollassel), die fast immer unter dem Körper verschwinden.

Gepunkteter Schnurfüßer
Cylindroiulus punctatus
Bis 30 mm lang, hellbraun bis gelb-braun mit dunkleren, wie Punkte erscheinenden Wehrdrüsen an den Längsseiten. In der Laubschicht und bevorzugt in morschem Holz.

Rotbrauner Bandfüßer *Polydesmus angustus*
Bis 24 mm lang, braun, ähnelt im Aussehen einem Hundertfüßer, trägt jedoch vier Beine pro Körperabschnitt. Rückenschilder laufen am Rand flach aus und stehen über den Körper hinaus. Vor allem in humusreichen Bodenschichten.

Spinnentiere

Alle Gliederfüßer mit acht Beinen gehören zur Klasse der Spinnentiere (Arachniden). Neben den Spinnen zählen hierzu auch Weberknechte, Skorpione, Milben und Zecken.

Spinnen

Weltweit sind über 38.000 Spinnenarten bekannt, in Deutschland beträgt die Anzahl der Arten etwa 1200. Obwohl bis auf wenige Ausnahmen alle Spinnen Gift tragen, sind weltweit nur etwa 20 Arten tatsächlich für Menschen gefährlich. Keine dieser Spinnenarten ist in Europa heimisch. Spinnen sind Raubtiere und benutzen ihr Gift, um ihre Beute bewegungsunfähig zu machen oder zu töten. Zum Nahrungserwerb haben die Spinnen so unterschiedliche Strategien entwickelt, wie den Einsatz von Netzfallen, Verfolgungsjagd und Auflauern. Es gibt so gut wie keinen Lebensraum, der nicht von Spinnen bewohnt wird. Dabei sind manche Arten sehr eng an bestimmte Umweltbedingungen gebunden, sodass Spinnen als Bioindikatoren zur Bewertung der Qualität von Lebensräumen dienen können.

Der Anblick einer Spinne lässt viele Menschen erschauern. Lernt man die Tiere besser kennen, wird man feststellen, dass es sich um ausgesprochen interessante Lebewesen handelt. Alle Spinnen ernähren sich von anderen Tieren und stehen hierdurch in der Nahrungskette relativ weit oben. Gleichzeitig sind Spinnen wichtiger Bestandteil des Nahrungsspektrums anderer Tiere wie z. B. vieler Vögel.
Das faszinierende Leben von Spinnen und sogar ihre Schönheit hat wohl niemand so hervorragend dargestellt wie der ehemalige Leiter des Kölner Zoos und Universitätsprofessor Prof. Dr. Ernst Josef Kullmann und der Wissenschaftsjournalist Horst Stern in ihrem Buch und dem 1975 erstmals ausgestrahlten Dokumentarfilm „Leben am seidenen Faden". Zumindest in einigen Bevölkerungskreisen sind Spinnen hierdurch sozusagen „gesellschaftsfähig" geworden.

Bauplan der Spinnen

Spinnen besitzen einen zweigeteilten Körper mit einem Vorderteil (Cephalothorax), der aus ineinander übergehendem Kopf und Brust besteht, und einem Hinterteil (Abdomen). Cephalothorax und Abdomen sind durch eine sehr schmale Taille verbunden. Zum Schutz des darin untergebrachten Nervenzentrums ist der Cephalothorax mit einem Chitinpanzer versehen. Unter einem Rückenschild setzen die vier Beinpaare an. Vorne am Kopf sitzen neben zwei beinähnlichen Kiefertastern noch die Kieferklauen mit den Giftklauen. Im weichen Hinterleib befinden sich alle übrigen inneren Organe, darunter das Herz und die Organe zur Verdauung und zur Herstellung der Spinnenseide. Je nach Menge gefressener Beute und Entwicklungsstand der Eier bei Weibchen kann die Größe des Hinterleibes bei ein und derselben Art stark variieren und ist daher nicht unbedingt als Bestimmungsmerkmal geeignet.

An der Gartenkreuzspinne kann man den Bauplan der Spinnen sehr gut erkennen.

Obwohl die meisten Spinnen acht Augen haben, sehen sie nicht sehr gut. Ihre Sehfähigkeit ist auf eine Tiefenschärfe von etwa 20 cm und das Wahrnehmen von hell und dunkel begrenzt. Je nach Art ist die Sehfähigkeit unterschiedlich ausgebildet. Die Größe, Anzahl und Position der Augen lässt auf die Familienzugehörigkeit und die Lebensweise einer Spinne schließen. Spinnen, die unter Steinen oder in Bauen leben, haben i.d.R. kleine Augen und sehen weniger gut als aktiv bei Tageslicht jagende Spinnen wie z. B. Springspinnen. Spinnen orientieren sich hauptsächlich über Sinneszellen in den vorne am Kopf sitzenden Kiefertastern und eine Vielzahl von Haaren und Borsten, die über den ganzen Körper verteilt sind. Haare dienen u. a. zum „Hören" (s. Kasten), als Speicher für Luftblasen bei im Wasser lebenden Spinnenarten oder als Halteanker für die Jungen der Wolfspinnen, die sich an den am Ende verdickten Haaren auf dem Rücken der Mutter festhalten. An den Füßen vieler Laufspinnenarten bilden besondere Haare die sogenannte Scopula, die es der Spinne ermöglicht, sich an sehr glatten Flächen und auch kopfüber fortzubewegen. Diese Fähigkeit ist bei verschiedenen Arten unterschiedlich ausgeprägt. Die Beine sind weiterhin mit Haaren zum Schmecken, Riechen und Wahrnehmen chemischer Substanzen ausgestattet. An den Beinen mancher Spinnen sitzen Haare zum Bürsten der Seidenfäden, um ihnen die richtige Struktur zu geben. Wieder andere Haare dienen der Körperpflege.

Haare zum Hören

Spinnen haben keine Ohren, können aber Vibrationen und Schallwellen wahrnehmen. Sie tun dies über empfindliche Nerven, die am Ende von Haaren sitzen. Die Tiere nehmen ihre Umgebung und deren Veränderungen permanent über diese Nervenenden wahr. Dickere Haare dienen hierbei der Wahrnehmung von Bewegungen. Über feinere, in der Länge abgestufte Haare kann die Spinne die Richtung, in der eine Bewegung stattfindet, feststellen.

Die großen Augen der Zebraspringspinne weisen auf Beutezüge bei Tageslicht hin.

Spinnenseide – ein einzigartiges Naturprodukt

Alle Spinnen sind Carnivore (Fleischfresser) und ernähren sich von tierischer Nahrung. Um an ihre Beute heranzukommen, benutzen die meisten Spinnenarten Netze aus Spinnenseide als Fallen. Auch Lauf- und Springspinnen verwenden Seidenfäden, z. B. zur Sicherung, für Kokons zum Schutz ihrer Eier oder sogar zur Verständigung. Manche Spinnen mengen den Wegfäden, die sie beim Umherlaufen mit sich ziehen, Duftstoffe bei, die bei der Partnerwahl eine Rolle spielen. Spinnenseide besteht aus Eiweiß und wird von den Spinnen zum Teil auch wieder gefressen und verwertet.

In Spinndrüsen im Hinterleib der Spinnen wird eine Spinnflüssigkeit gebildet und anschließend über Spinnspulen am Ende der Spinnwarzen ausgeschieden. Die Spinnwarzen sitzen unten am Ende des Hinterleibes und sind bei größeren Spinnen mit einer Lupe gut zu erkennen. Nur mit dem Mikroskop lassen sich die an den Spitzen der meist sechs Spinnwarzen sitzenden Spinnspulen erkennen, aus denen die Spinnfäden ausgestoßen werden. Auf jeder Spinnwarze sitzen je nach Spinnenart mehrere Spinnspulen. Abhängig von ihrem Verwendungszweck unterscheiden sich Spinnfäden in ihrer Substanz, Dicke, Elastizität und Anzahl der Einzelfäden. Jede Spinndrüse produziert eine gelartige Masse unterschiedlicher Zusammensetzung, auf die die Spinne bei der Herstellung der verschiedenen Fäden zugreifen kann. Nach dem Erhärten außerhalb des Spinnenkörpers sind die Fäden ähnlich reißfest wie Nylon, dabei aber doppelt so elastisch! Hierdurch wird Spinnenseide zu einem einzigartigen Produkt der Natur.

Die meisten Netze webenden Spinnen verwenden zum Fang der Beute Leimtröpfchen. Manche Arten besitzen die Fähigkeit zur Herstellung klebriger Fäden jedoch nicht. Bei diesen Spinnen findet sich den Spinnwarzen vorgelagert ein Spinnsieb, das sogenannte Cribellum. Diese Spinnen produzieren viele feine Seidenfäden gleichzeitig, die sie durch Kämmen mit besonderen Beinbürsten aufrauen und so zu Fangwolle verarbeiten. Diese Fangwolle schimmert oft bläulich. Man nennt solche Spinnen auch **Kräuselfadenweber** (Cribellate) im Gegensatz zu den **Leimfadenwebern** (Ecribellate). Bei allen Spinnen bestehen die meisten Spinnfäden aus einer Vielzahl Einzelfäden, die miteinander verklebt oder verhakt und verdreht sind.

Spinnensafari im nächtlichen Garten

Erkundet man im Sommer nachts mit einer Taschenlampe seinen Garten, scheinen dem Beobachter viele kleine, rot leuchtende Augen entgegenzusehen. Es handelt sich hierbei um Spinnenaugen. Wie bei manchen Säugetieren sind auch die Augen von Spinnen mit einer reflektierenden Schicht ausgekleidet, die das einfallende Licht zurückwirft und so die Lichtempfindlichkeit der Augen nachtaktiver Tiere verstärkt. Bei Spinnen wird das rote Licht reflektiert.

Netze – tödliche Fallen

Die Vielfalt unterschiedlicher Konstruktionen von Spinnennetzen ist reichhaltig. Die wohl bekannteste Form ist das regelmäßige Radnetz der Gartenkreuzspinne. Die Spinnen verwenden hierbei unterschiedliche Arten von Fäden. Rahmen- oder Brückenfäden sowie die Netzspeichen sind stabiler als die Fäden der Lauf- und der Fangspiralen. Diese wiederum sind um ein Vielfaches elastischer und unterscheiden sich zudem dadurch, dass die Laufspirale nicht klebrig ist, die Fäden der Fangspirale jedoch mit klebrigen Tröpfchen versehen oder stark gekräuselt sind. Die Spinne bewegt sich nur auf nicht fängischen Fäden. Aus einem Teelöffel voll Spinnenseide lassen sich etwa 1 Million Netze weben!

Spinnennetze lassen sich ihrer Bauweise nach recht genau einer bestimmten Familie, z. T. sogar einer Art zuordnen. Die Vorgehensweise beim Netzbau (z. B. ob die Spinne innen oder außen mit dem Bau der Spirale beginnt), Anzahl der Speichen und Dichte der Spirale geben ebenfalls Hinweise auf die Artzugehörigkeit der Bewohner.

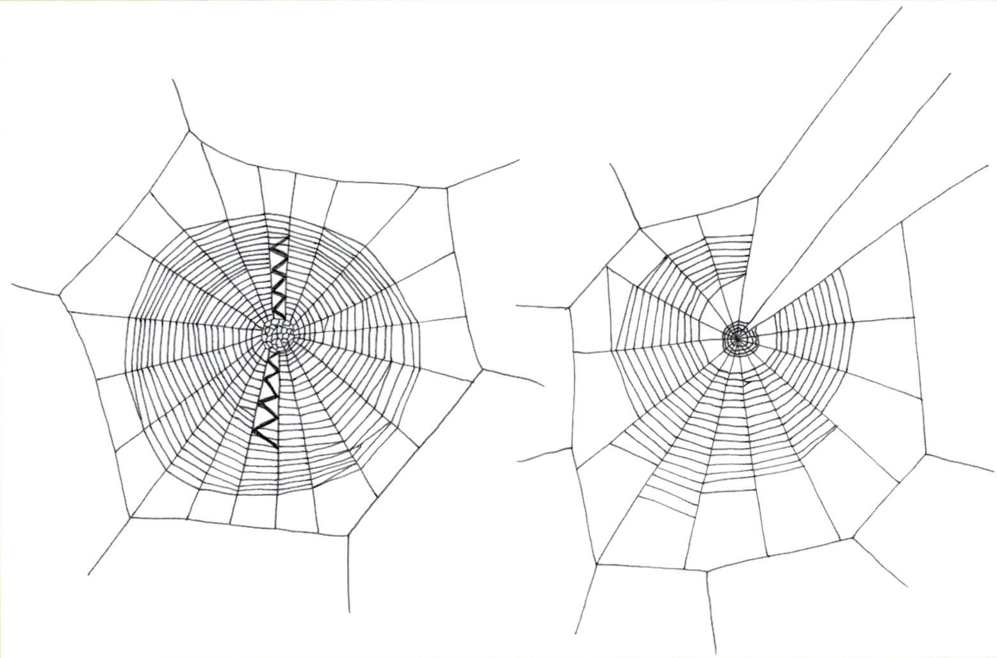

li.: Zickzackförmige Stabilimente im Radnetz einer Zebraspinne. re.: Radnetze mit fehlendem Sektor geben den Sektorspinnen ihren Namen.

So wurde z. B. ein Radnetz, in dem ein Teil von der Nabe bis zum äußeren Rand fehlt, von einer Sektorspinne gebaut. Auch Zebraspinnen geben durch in ihre Radnetze eingearbeitete Zickzackgebilde, sogenannten Stabilimenten, einen deutlichen Hinweis auf den Eigentümer der Falle. Die Funktion der Stabilimente ist bisher nicht geklärt, Vermutungen reichen von „Tarnung" und „Lockmittel" bis hin zu „Antwort auf unspezifischen Stress" oder „keine Funktion". Spinnen, die Stabilimente bauen, verbringen ihr gesamtes Leben in Netzen. Bei manchen Arten beißt die Spinne nach Vollendung des Radnetzes ein Loch in die Nabe, ein deutliches Merkmal der Streckerspinnen. Einige Spinnen warten in der Mitte des Radnetzes auf ihre Beute, andere gehen z. B. unter einem Blatt in einer sogenannten Retraite in Deckung und bleiben über einen Signalfaden mit ihrem Netz verbunden.

Neben den Radnetzen zählen drei weitere Netztypen zu den häufigsten Konstruktionen. Raumnetze scheinen strukturlos in den Raum gebaute Netzwerke, zwischen deren kreuz und quer gespannten Fäden sich Beutetiere verheddern sollen. Die Gebilde sind oft bis zu handtellergroß und bestehen meist aus bläulich schimmernder Kräuselfadenwolle.

Decken- oder Baldachinnetze bestehen aus in einer Ebene dicht verwebten Fäden, der Decke, und locker kreuz und quer darüber verspannten Stolperfäden. Ein Beutetier, z. B. ein fliegendes Insekt, das von den Stolperfäden aufgehalten wird, fällt direkt auf die Decke. Die Spinne, die meist unter der Decke wartet, tötet die Beute dann mit einem Biss durch die Decke hindurch.

Trichternetze sind deckenartig gewebte Fallen mit einem röhrenförmigen Unterschlupf in einer Ecke. Hier wartet die Spinne, bis sich ein Beutetier in den Fäden der Decke verfangen hat, und schießt dann oftmals blitzschnell aus ihrer Retraite hervor.

Die Netze der Kugelspinnen erscheinen wie eine Kombination aus Baldachinnetz zum Erbeuten fliegender Insekten und einem darunter liegenden Raumnetz mit klebrigen Fangfäden, an denen in Bodennähe lebende Beutetiere hängen bleiben sollen.

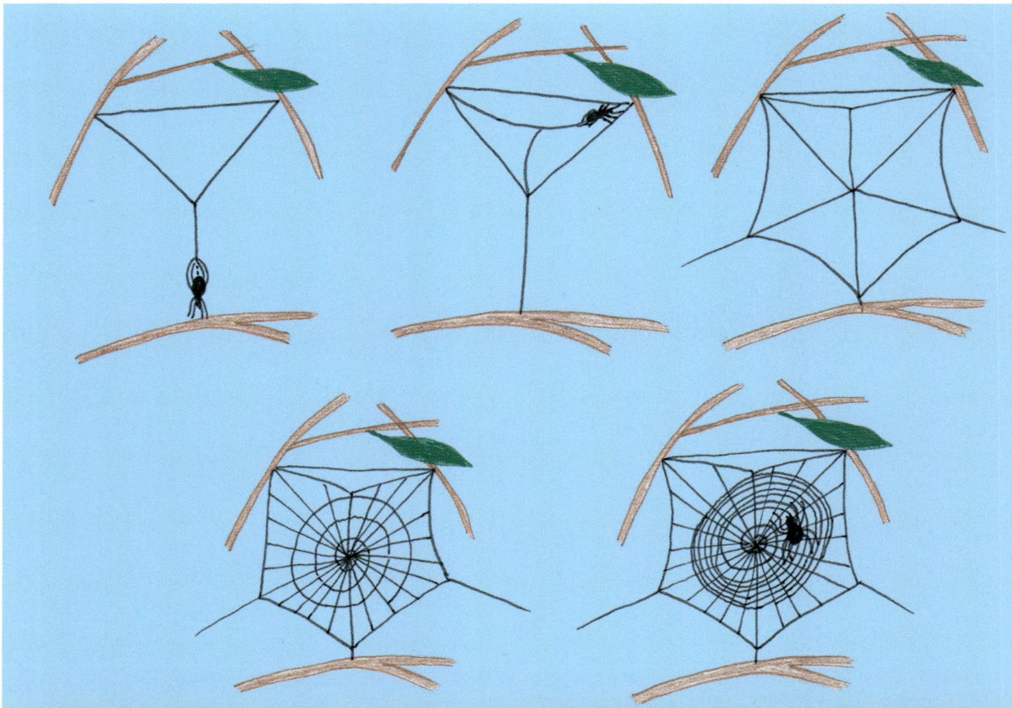

Beim Bau eines Radnetzes gehen Spinnen sehr systematisch vor.

Radnetz.

Baldachinspinnennetz.

Netzkonserve
Die feinen Spinnfäden mancher Spinnennetze sieht man am besten im Spätsommer und Herbst, wenn sie mit vielen kleinen Tautröpfchen benetzt sind. Mithilfe einer Sprühflasche für Wasser mit einer sehr feinen Düse lassen sich die Netze auch zu anderer Zeit „sichtbar" machen. Radnetze können sogar zum Mitnehmen nach Hause präpariert werden. Dafür benötigt man schwarze oder weiße Sprühfarbe, Zeitungspapier, Karton, der zur Sprühfarbe einen Kontrast bildet, Haarspray und eine Schere. Hat man ein besonders schönes, trockenes Netz gefunden, sollte zuerst sichergestellt werden, dass es verlassen ist. Je nach Art verstecken sich Spinnen auch in der Nähe des Netzes, wobei zu bedenken ist, dass ein intaktes Netz selten unbewohnt ist! Das Netz von beiden Seiten mit Farbe einsprühen; Zeitungspapier jeweils hinter dem Netz verhindert, dass die ganze Umgebung mit eingefärbt wird. Wenn die Farbe getrocknet ist, das Netz, wieder von beiden Seiten, mit Haarspray einsprühen, damit es am Karton kleben bleibt. Der Karton wird nun hinter das Netz gehalten und mit einer gezielten Bewegung das Netz auf den Karton übernommen. Jetzt noch die Haltefäden abtrennen und das Kunstwerk mit Haarspray fixieren.

Ohne Gift geht nichts

Nicht alle Spinnen bauen Netze, aber fast alle benutzen Gift. Das Gift wird durch feine Röhren in den Giftklauen der Kieferklauen in das Opfer injiziert und bewirkt in den meisten Fällen eine Lähmung des Beutetieres. Manchmal wird die Beute dann kokonähnlich eingesponnen oder zerteilt und bis zum Verzehr als Vorrat verstaut. Hierzu wird ein Verdauungssaft in das Beutetier gespritzt, der die verdaulichen Teile auflöst. Die Spinne kann nun über ihre röhrenförmige Mundöffnung den flüssigen Nahrungsbrei aufsaugen und erneut Verdauungssaft einpumpen, bis vom Beutetier nur noch die leere Hülle übrigbleibt. Je nach Größe der Beute kann dieser Vorgang mehrere Tage dauern. Nach einem ausgiebigen Mahl können Spinnen bis zu mehrere Monate ohne Nahrung auskommen.

Spinnen „saugen" ihre Beutetiere aus, bis nur noch deren leere Hülle übrigbleibt.

Spinnenhochzeit

Die Paarungsrituale unterschiedlicher Spinnenarten sind vielfältig. Da Spinnen extreme Einzelgänger sind, versucht das Männchen durch Balzen das Weibchen in Paarungsstimmung zu versetzen, um nicht als Beute betrachtet zu werden. Wolfsspinnen beispielsweise „tanzen" und trommeln, um einem Weibchen ihre Absicht zu verdeutlichen. Raubspinnenmännchen bieten ihrer Partnerin zur Besänftigung ein Beutetier an. Bei einigen Radnetzspinnen zupfen die Männchen auf sogenannten Balzfäden bestimmte Rhythmen, die die Weibchen beruhigen sollen.

Oft sind die Spinnenmännchen kleiner als die Weibchen, bei einigen Arten ist auch die Färbung ein Merkmal der Geschlechter. Deutlich unterscheiden sich Männchen und Weibchen auch durch die Form der vorderen Kiefertasterglieder (Bulbus, Mehrzahl Bulbi), die bei Männchen deutlich dicker und breiter sind. Bei den meisten Arten setzen die Männchen ein Sperma-Paket auf einem Seidenpolster ab und nehmen es dann in den Hohlräumen der Bulbi auf, um die Samen in die Geschlechtsöffnung des Weibchens zu übertragen. Die Weibchen mancher Spinnenarten fressen nach der Paarung die Männchen.

Im Hinterleib des Weibchens entwickeln sich artspezifisch bis zu tausend Eier. Die Spinne beginnt einen Kokon aus Spinnenseide zu fertigen, der nach der Eiablage vervollständigt wird. Der Kokon wird je nach Art an einem geeigneten Ort deponiert oder mit herumgetragen. Die Jungspinnen schlüpfen und häuten sich zum ersten Mal innerhalb des Kokons. Erst nach mehreren weiteren Häutungen sind die kleinen Spinnen für ihr räuberisches Leben außerhalb der schützenden Hülle ausgerüstet. Die meisten Spinnenarten betreiben Brutpflege, indem sie z. B. den Kokon gegen Angreifer verteidigen oder mit sich herumtragen (bei Wolfsspinnen gut zu beobachten). Manche Arten sorgen jedoch auch noch für die ausgeschlüpften Jungspinnen, z. B. durch Füttern.

Wolfsspinnen tragen ihre Eikokons mit sich herum.

Spinnen im Garten

Große Winkelspinne, Hausspinne
Tegenaria atrica
Hauptsächlich in Gebäuden; im Garten eher in Schuppen und Garagen beheimatete, große dunkle Spinne mit sehr langen, behaarten Beinen; Trichternetz mit Retraite in einer Ecke; kann bis zu 6 Jahre alt werden.

Spinne des Jahres 2008
Die Arachnologische Gesellschaft e.V. (AraGes) wählte die Große Winkelspinne zur „Spinne des Jahres 2008". Fast jeder wird dieser größten unter den Winkelspinnen mit den langen Beinen und dunkel behaartem Körper schon mal im Haus begegnet sein. Die Beinspannweite mancher Männchen kann bis zu 10 cm betragen! Vor hellem Hintergrund wie z. B. Fliesen kann dieses Bild durchaus Abneigungen wecken. Seit dem Jahr 2000 wählt die AraGes jedes Jahr eine Art zur Spinne des Jahres. Ausschlaggebend sind u. a. Lebensraum oder Gefährdungsgrad. Die Spinne des Jahres soll zur Aufklärung weiter Kreise der Bevölkerung über die Ungefährlichkeit in Deutschland heimischer Spinnen sowie zum besseren Verständnis der Natur im Alltag beitragen.

Sektorspinne *Zygielle x-notata*
Eine der häufigsten Spinnen rund um Haus und Garten, baut in Fensterecken, Mauernischen, Gittern, Holzstapeln etc. ihr typisches Radnetz, bei dem ein Sektor fehlt, wartet versteckt am Ende des Signalfadens, über den sie wahrnimmt, dass sich Beute verfangen hat.

Wespenspinne, Zebraspinne *Argiope bruennichi*
Weiß-gelber Hinterleib mit schwarzen Querbändern, Radnetz mit deutlichen zickzackförmigen Stabilimenten, breitet sich seit einigen Jahrzehnten von Süden her über ganz Mitteleuropa aus.

Gemeine Baldachinspinne *Linyphia triangularis*
Baldachinspinnen sind die artenreichste Spinnenfamilie in Deutschland; die häufigste und größte Art *L. triangularis* kommt immer zu mehreren vor, ihre Netze scheinen in den Morgenstunden im Herbst wie ein Flickenteppich über Wiesen gebreitet.

Gartenkreuzspinne *Araneus diadematus*
Bekannteste Spinne in Deutschland, in Gärten sehr häufig; markante Kreuzzeichnung auf dem Hinterleib aus mehreren weißen Flecken, typisches Radnetz in hochgewachsener Vegetation.

Körbchenspinne *Agalenatea redii*
Ähnlich einer Kreuzspinne, deutliches Merkmal ist die dichte Körperbehaarung, in Farbe und Zeichnung jedoch viele Varianten; baut in der Nähe des Netzes eine typische korbförmige Retraite, in der die Spinne auf Beute wartet.

Spinnenbisse
Entgegen weitverbreiteter Meinung ist auch das Gift der Gartenkreuzspinne für den Menschen völlig ungefährlich. Die relativ kurzen Giftklauen könnten auch die menschliche Haut nur schwer durchbrechen. Wenn sie gequetscht werden, können Kreuzspinnen jedoch, wie viele andere Spinnenarten auch, beißen. Der Effekt eines Kreuzspinnenbisses ähnelt dem eines Mückenstiches und ist völlig harmlos.

Wolfsspinne *Lycosidae sp.*
Mehrere Arten bodenbewohnender, schwer voneinander zu unterscheidender Spinnen, die keine Netze bauen, sondern der Beute mit schnellen, huschenden Bewegungen hinterherjagen. Bei Gefahr flüchten sie in Bodenspalten oder Ritzen, die auch während der Häutungszeit und zur Überwinterung aufgesucht und mit Spinnweben fest verschlossen werden. Wolfsspinnen tragen ihre Eier in Seidenballen unter ihrem Hinterleib mit sich herum, bis die jungen Spinnen schlüpfen, diese bleiben dann noch einige Tage auf dem Rücken der Mutter.

Zebraspringspinne, Harlekin-Springspinne
Salticus scenicus
5 bis 7 mm groß, schwarz-braun mit weißer Zeichnung, sehr kurze, kräftige Beine; mit den hinteren Beinpaaren springt die tagaktive Spinne auf Beute zu, mit den vorderen Beinen bremst sie den Sprung und greift die Beute; liebt wärmespeichernde Untergründe wie Mauern oder verbautes Holz.

Busch-Krabbenspinne, Braune Krabbenspinne
Xysticus cristatus
Abgeflachter, breiter Körper mit langen seitlich stehenden Beinen, von denen die vorderen länger sind als die hinteren, in halb hoher Vegetation weit verbreitet; die Spinnen warten in Blüten oder unter Blütenblättern auf geeignete Beute, stechende Insekten hält sich die Spinne mit ihren langen Vorderbeinen buchstäblich „vom Leib", bis das Gift seine Wirkung zeigt.

Grüne Jagdspinne, Grüne Huschspinne
Micrommata virescens
Sonnenliebende Art, die vor allem in bodennaher, grüner Vegetation jagt, Weibchen leuchtend grün mit hellerer Zeichnung, bei den sonst grünen Männchen ist der Hinterleib in Längsrichtung braunrot und gelb gestreift.

Spinnen im Terrarium
Um eine Spinne beim Bau des Netzes oder dem Verzehr von Beute genauer zu beobachten, kann sie in einem genügend großen Terrarium gehalten werden. Hierzu können ganz unterschiedliche Behälter, wie stabile Kartons mit Fenstern aus Plastikfolie, Minigewächshäuser, fertige Plastikbehälter, Aquarien und Marmeladengläser u. Ä., verwendet werden, die eine gute Betrachtung des Inhaltes ermöglichen. Der Boden im Behälter muss wasserfest sein, um feuchte Erde und Laub zu tragen, mit denen das Terrarium eingerichtet wird. Besonders wichtig sind eine flache Schale mit Wasser sowie geeignetes Material, zwischen dem die Spinne ihr Netz bauen kann, z. B. Zweige bei Radnetz- oder ein Stück Borke bei Trichternetz-bauenden Arten. Damit die Spinne nicht entweicht, wird der Behälter mit Netzstoff oder entsprechend luftdurchlässigem Deckel verschlossen. Nun kann man sich auf die Suche nach einem geeigneten Bewohner machen. Unbedingt zu beachten ist, dass das Sammeln und Halten einiger Spinnenarten, wie z. B. aller Kreuzspinnen, nach dem Artenschutzgesetz verboten ist!

Zur genauen Bestimmung von Spinnen ist eine Vielzahl von Büchern im Handel erhältlich. Besonders hingewiesen sei hier auf Sauers Naturführer: Die schönsten Spinnen Europas (nach Farbfotos erkannt), Fauna-Verlag.

Ein ausführlicher Bestimmungs-Schlüssel ist unter
www.araneae.unibe.ch/
zu finden.

Informationen zu Spinnen sind auch bei der Arachnologischen Gesellschaft e.V.:
www.arages.de/about/spinnen.html
zu erhalten.

Andere Spinnentiere im Garten

Weberknechte, Milben, Zecken und so urtümliche Tiere wie Pseudoskorpione sind weitere Spinnentiere, die man auch in Gärten findet.

Weberknechte

Auf den ersten Blick werden Angehörige der Weberknechte häufig als Spinne bestimmt. Bei genauerem Hinsehen jedoch erkennt man, dass Kopf, Brust und Hinterleib miteinander zu einem einzigen Körperteil verwachsen sind. Viele Weberknechtarten zeichnen sich durch extrem lange Beine aus. Im Gegensatz zu Spinnen besitzen Weberknechte keine Spinndrüsen und können somit auch keine Netze bauen. Giftdrüsen sind ebenfalls nicht vorhanden, sodass die winzigen Tiere, die Weberknechte vornehmlich nachts in der Streuschicht am Boden erbeuten, lebend gefressen werden.
Eine sehr häufige Art ist *Leiobunum rotundum*, die tagsüber oft an Mauern und Baumstämmen zu sehen ist.

Pseudoskorpione

Namengebend sind die winzigen, mit Giftdrüsen versehenen Scheren der bis maximal 7 mm großen Arten der Pseudoskorpione. Im Gegensatz zu echten Skorpionen sind sie jedoch „schwanz"los. Aus den Kiefertastern wurden im Laufe der Entwicklung Scheren gebildet, die hauptsächlich zum Ertasten der Umgebung und zur Orientierung, bei den größeren Arten auch zum Zerteilen von Nahrung genutzt werden. Pseudoskorpione ernähren sich von winzigen Tieren wie z. B. Milben, Läusen und Springschwänzen. Die meisten Arten leben in der Laubstreu und Moospolstern und sind auch in Gärten zu finden. Bei extremer Witterung bauen Pseudoskorpione kleine kugelige Nester aus Seide, Sand und Moos. Pseudoskorpione klammern sich mitunter an Insekten und lassen sich von ihnen in andere Gebiete transportieren.

Moosskorpion *Neobisium muscorum*
In Europa häufigster Pseudoskorpion mit bis zu 3 mm Länge. Lebt hauptsächlich in feuchteren Lebensräumen wie Moosschichten an Bach- und Teichrändern, ist aber auch in der Streuschicht zu finden.

Milben

Zu den Milben gehören die kleinsten unter den Gliederfüßern, gleichzeitig stellen sie die artenreichste Ordnung dar, die in allen Lebensräumen vorkommt. Zahlreiche Milbenarten leben im Boden, viele andere im Fell und Haar lebender Tiere oder gar im Hausstaub. Neben räuberisch lebenden Arten sind auch Pflanzenfresser und Verwerter toten organischen Materials unter den Milben zu finden.

Fusseln auf der Mauer
Die kleinen, wie rote Fusselknäuel auf der Mauer im Garten oder am Haus sitzenden **Roten Samtmilben** *Trombidium holosericeum* sind ein weit verbreiteter Anblick. Diese häufige, mit bis zu 4 mm Länge größte heimische Milbenart ist durch den weichen, rot behaarten Körper mit roten Beinen unverwechselbar. Ihre Larven parasitieren an Insekten, von deren Blut sie sich ernähren, während die erwachsenen Tiere Insekteneier und kleine Bodentiere fressen.

Zecken

Auch Zecken, die vielen als Plage im Hundefell bekannt sind, gehören zu den Milben und stellen die größten Arten innerhalb dieser Ordnung. Die meisten Zecken leben parasitisch auf der Haut von Säugetieren, deren Blut sie saugen. Da Zecken mehrere Wirte nutzen, können sie u. a. gefährliche Krankheiten übertragen.

Gemeiner Holzbock *Ixodes ricinus*
Der zu den Schildzecken zählende Gemeine Holzbock wartet in Gebüsch oder Wiesen in Höhen bis zu 1,5 m auf einen geeigneten Wirt, auf den die Tiere sich fallen lassen und sich mit ihren Mundwerkzeugen in der Haut verbeißen. Im Speichel enthaltene Stoffe verhindern das Gerinnen des Blutes und so ein Verstopfen der Saugöffnung. Die Mundwerkzeuge „kleben" in der Wunde fest und betäuben die Hautstelle, um ein zu schnelles Entfernen des Störenfriedes Zecke zu verhindern. Nach mehreren Tagen hat sich eine Zecke mit Blut vollgesaugt und dabei ihre Körpergröße um ein Vielfaches ausgedehnt.

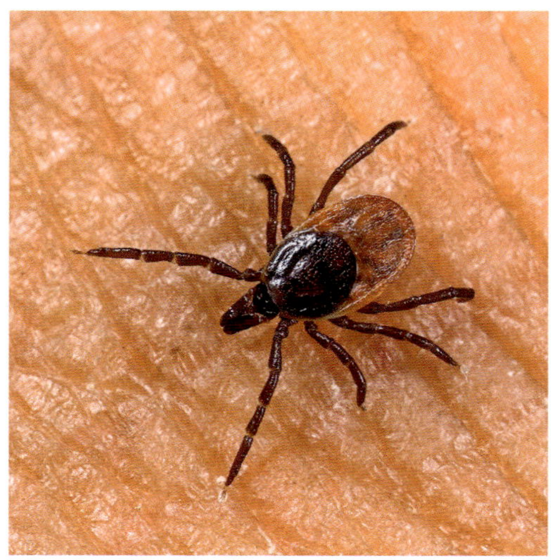

Der Entwicklungszyklus des Holzbocks verläuft vom Ei über Larve und Nymphe zum erwachsenen Tier und kann bis zu drei Jahre dauern. In jedem Stadium nach dem Schlupf sucht sich die Zecke einen anderen Wirt, zwischen den Phasen liegt meist eine Winterruhe. Durch den Wirtswechsel können Holzböcke Krankheiten wie die für Menschen gefährliche Lymeborreliose und Frühsommer-Meningoenzephalitis (FSME) übertragen.

Insekten

Insekten bilden die artenreichste Tiergruppe überhaupt – weltweit sind über eine Million Insektenarten bekannt! Nachfolgend sind einige Arten aufgeführt, die auch den Lebensraum Garten in Deutschland bewohnen. Aus der Vielfalt sind nur besonders häufige, leicht zu beobachtende Arten mit interessanten Besonderheiten herausgegriffen. Nicht selten wird der interessierte Laie feststellen, dass die Bestimmung von Insekten schwieriger ist als zunächst angenommen. Hierzu sei in jedem Fall der Erwerb eines ausführlichen Bestimmungsbuches empfohlen. Viele Arten innerhalb einer Familie, aber auch zwischen Ordnungen können sich im Aussehen sehr ähneln und sind nur mithilfe schwer zu erkennender Merkmale zu unterscheiden. Dem Hobby-Naturforscher sollte jedoch eine Bestimmung bis zur Familienzugehörigkeit und das Wissen um die Vielfalt im eigenen Garten genügen.

Bauplan der Insekten

Der Körperbau aller Insekten folgt im Prinzip demselben Bauplan. Bei unterschiedlichen Arten wurden jedoch einzelne Bestandteile wie z. B. Mundwerkzeuge, Beine, Flügel oder Fühler im Laufe der Entwicklungsgeschichte umgewandelt und der Lebensweise angepasst. Ausbildung und Färbung einzelner Körperteile sind hilfreiche Bestimmungsmerkmale, sodass die wichtigsten hier kurz vorgestellt werden.

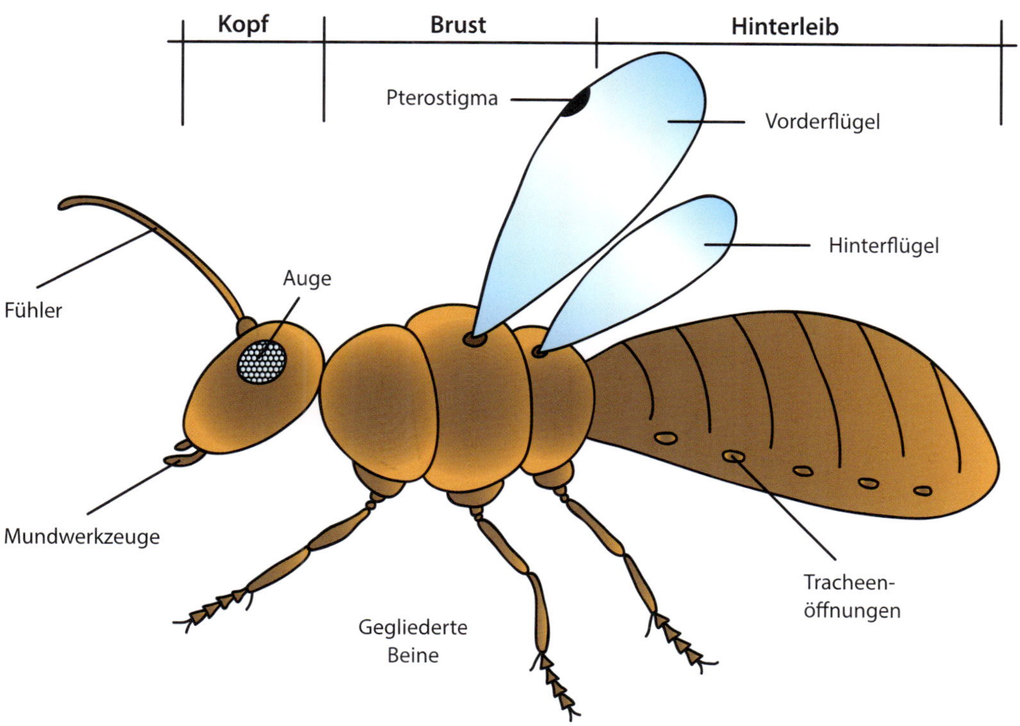

Vereinfachte, schematische Darstellung des Insektenkörpers.

Vorne am Kopf sitzen die Fühler oder Antennen, die einfach fadenartig bis hin zu kompliziert gefächert sein können. Fast alle Insektenarten sind mit Komplexaugen ausgestattet, die aus einer Vielzahl einzelner Linsen, den Facetten bestehen (auch Facettenaugen genannt). Je nach Art sind die Komplexaugen aus unterschiedlich vielen Linsen zusammengesetzt. Zusätzlich zu den Komplexaugen haben manche Insektenarten Punktaugen (Ocelli) zur Wahrnehmung von hell und dunkel.

Die großen Facettenaugen der Fliegen setzen sich aus vielen kleinen Linsen zusammen.

Zangengleiche Kiefer
Insektenkiefer sind paarig vorhanden, jeweils ein Kiefer bzw. Unterkiefer rechts und links der Mundöffnung. Anders als bei Wirbeltieren arbeiten die Kiefer nicht nach oben und unten, sondern wie Zangen von den Seiten her. Dabei sind sie recht beweglich und befördern beispielsweise zerkleinerte Nahrungsteile in die Mundöffnung.

Bei Hornissen sind die Kiefer besonders ausgeprägt.

An der Mundöffnung sitzen die Mundwerkzeuge, die je nach Lebensweise und Ernährung unterschiedlich ausgeprägt sind. Während Unterkiefer und Unterlippe Nahrung festhalten, wird diese mit den Kiefern zerkleinert. In daneben liegenden Tastern (Palpen) sind Sinnesorgane untergebracht, mit denen die Qualität (Geruch, Geschmack, Konsistenz) von Nahrung wahrgenommen wird. Manche Insektenarten besitzen neben den oben genannten Mundwerkzeugen noch eine Oberlippe, die die Kieferregion abdeckt. Bei Insektenarten, die sich von Flüssigkeiten ernähren, fehlen oft die Kiefer und die Unterkiefer sind zu einem Saugrüssel umgewandelt (Beispiel Schmetterlinge). Bei anderen Arten, wie beispielsweise Mücken, sind die Kiefer nadelförmig ausgebildet und Teil des Stechrüssels.

Die Insektenbrust (Thorax) gleicht einem Maschinenraum. Alle Beine und Flügel sitzen außen an der Brust und werden von starken Muskeln im Inneren bewegt. Die Brust wird in Vorder-, Mittel- und Hinterbrust unterteilt, mit jeweils einem Beinpaar pro Abschnitt. Falls Flügel vorhanden sind, so sitzen diese auf Mittel- und Hinterbrust. Häufig ist die Vorderbrust nur als schmaler Kragen ausgebildet, bei Käfern und Wanzen jedoch extrem breit. Das Rückenteil einer breiten Vorderbrust wird Pronotum genannt und gilt als auffälliges Bestimmungsmerkmal. Von der Oberseite der Mittelbrust geht nach hinten ein dreieckig ausgebildetes „Schildchen", das ebenfalls bei der Bestimmung eine Rolle spielt (sehr deutlich beispielsweise bei Wanzen).

Bis auf sehr wenige Arten besitzen alle Insekten sechs Beine in drei Paaren. Je nach Lebensweise können die Beine zum Springen, Laufen, Schwimmen, Graben oder Sammeln von Pollen und vieles mehr ausgebildet sein. An den Beinen sitzen häufig Haare, mit deren Sinneszellen Insekten nicht nur fühlen, sondern auch schmecken, riechen und hören können. Die Beine enden in mehrgliedrige „Füße" mit Haken, Borsten oder Lappen.

Die meisten Insektenarten sind mit Flügeln ausgestattet, die i.d.R. in zwei Paaren vorkommen, wiederum in verschiedensten Ausbildungen. So dienen die harten Vorderflügel der Käfer als schützende Deckflügel (Elytren), während beispielsweise bei Zweiflüglern die hinteren Flügel in sogenannte Schwingkölbchen umgewandelt sind, die bei der Stabilisierung des Fluges helfen. Flügel können mit Haaren (Köcherfliegen) oder Schuppen (Schmetterlinge) bedeckt sein, durchsichtig oder farbig. Als wichtiges Bestimmungsmerkmal dient die Flügeladerung, ebenso wie die durch die Adern gebildeten Zellen.

Bei den meisten Käferarten schützen die harten Vorderflügel im Ruhezustand die häutigen Hinterflügel.

Im Hinterleib befinden sich alle inneren Organe wie z.B. Herz, Verdauungssystem und Geschlechtsorgane. Häufig sind am Hinterleibsende Anhänge vorhanden, die sogenannten Cerci (sehr deutlich z.B. bei Ohrwürmern). Bei vielen Insektenarten tragen Weibchen am Hinterleibsende Lege- oder Wehrstacheln.

Atmung

Insekten atmen über starre Röhrchen, die Tracheen, die den Insektenkörper in immer feiner werdenden Durchmessern bis hin zu den einzelnen Organen durchziehen. Der durch dieses Röhrensystem fließende Luftsauerstoff diffundiert in den Insektenkörper. Die Öffnungen der Tracheen liegen meist seitlich am Insektenkörper und werden als Stigmen bezeichnet. Durch dieses Atmungssystem ist die maximale Größe von Insekten bestimmt. Der größte derzeit lebende Käfer ist der Riesenbockkäfer aus den tropischen Regenwäldern Südamerikas. Er wächst bis zu einer Länge von 17 Zentimetern heran. Vor 300 Millionen Jahren dagegen bevölkerten Insekten mit bis zu 50 cm Körperlänge und maximal 75 cm Flügelspannweite die Erde. Möglich war dies durch den damals höheren Sauerstoffgehalt der Atmosphäre.

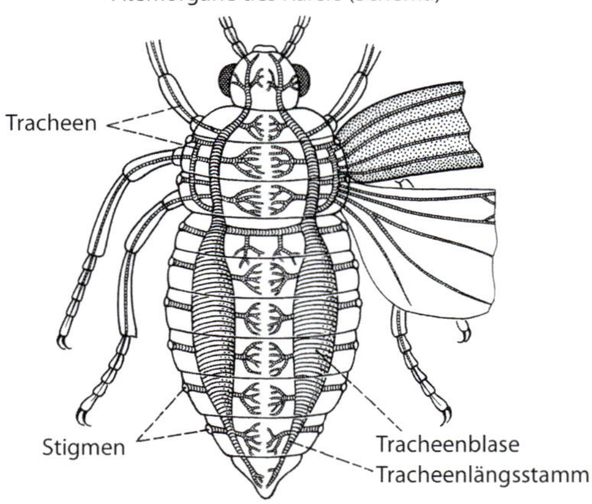

Schematische Darstellung der Atemorgane bei Käfern.
Zeichnung aus: Schmeil – Tierkunde. Quelle & Meyer, Heidelberg 1986

Der Entwicklungszyklus der Insekten besteht aus mehreren Stadien, vom Ei über Nymphe (allmähliche Umwandlung) bzw. Larve und Puppe (vollkommene Umwandlung) bis zum ausgewachsenen Tier (s. auch „Metamorphose" S. 10). Die Lebensspanne pro Stadium sowie der Entwicklungszustand, in dem die Insekten ggf. überwintern, unterscheidet sich je nach Art erheblich.

Generationen und Parthenogenese

Alle Nachkommen, die im gleichen Alter bzw. zeitlichen Abstand zu einem oder mehreren Elterntieren stehen, werden als Generation bezeichnet. *Beispiel:* Eine Hummelkönigin baut im Frühjahr ihr Nest und legt die ersten Eier. Aus ihnen schlüpft die erste Arbeiterinnen-Generation. Mithilfe der ersten Arbeiterinnen-Generation wird die zweite Generation aufgezogen.
Viele Insektenarten produzieren mehrere Generationen pro Jahr, hierbei kann auch ein sogenannter Generationswechsel auftreten. Dabei folgt auf eine zweigeschlechtliche Vermehrung, bei der sich Weibchen und Männchen verpaaren, eine eingeschlechtliche Vermehrung. Die Weibchen einiger Insektenarten (z. B. Bienen, Ameisen, Blattläuse) können sich auch ohne männliche Partner fortpflanzen. Bei dieser Parthenogenese oder Jungfernzeugung gehen die Nachkommen aus unbefruchteten Eizellen hervor. Das Ereignis wird über Hormone gesteuert, die häufig über Duftstoffe (Pheromone) aktiviert werden. Die Generationen wechseln oft zwischen geflügelten und ungeflügelten Tieren, beispielsweise bei Blattläusen.

Parasiten und Parasitoide

Als Parasiten werden Tiere und Pflanzen bezeichnet, die ihre Nahrung aus einem anderen Organismus, dem Wirt, beziehen. Der Wirt wird dabei geschädigt, aber nicht immer unbedingt getötet. Parasitisch lebende Insektenlarven, deren Wirt am Ende der Larvenentwicklung stirbt, nennt man Parasitoide. Manche Schlupfwespen beispielsweise legen ihre Eier in die Larven ihrerseits bereits an Pflanzen parasitierenden Gallwepsen, dieses Verhalten heißt Hyperparasitismus.

Staatenbildende Insekten

Einige Insektenarten aus der Ordnung der Hautflügler haben im Laufe der Evolution eine Form des Zusammenlebens in sogenannten Staaten entwickelt. Hierzu zählen Ameisen, Wespen, Bienen und Hummeln. Die Anzahl einzelner Individuen pro Staat reicht von wenigen Einzeltieren bei Hummelarten bis hin zu mehreren Millionen bei manchen Ameisenarten. In der Regel gibt es pro Staat nur ein sich fortpflanzendes Weibchen, die Königin (Ameisenstaaten bestehen manchmal aus mehreren Einzelstaaten, sodass im Bau mehrere Königinnen leben), alle anderen Weibchen sind unfruchtbare Arbeiterinnen oder Arbeiterinnen, deren Eiproduktion von der Königin über Duftstoffe gesteuert wird. Zu bestimmten Jahreszeiten oder unter besonderen Umständen kommen auch Männchen vor, die aus unbefruchteten Eiern schlüpfen. Nicht nur die Steuerung der Fortpflanzungsmechanismen, sondern auch die Verständigung unter den Tieren findet über Duftstoffe, sogenannte Pheromone statt. Vor allem bei Honigbienen und Ameisen mit hochorganisierter Arbeitsteilung im Staat sind komplexe Verständigungstechniken entwickelt (s. entsprechendes Artportrait).
Insektenstaaten können über mehrere Jahre bestehen (Ameisen und Honigbiene) oder jedes Jahr neu gegründet werden (Wespen und Hummeln) – hier überwintern nur die Königinnen, die im Frühjahr neue Staaten bilden.

Insekten im Garten

Libellen

Libellen gelten nicht unbedingt als typische Gartenbewohner, es sei denn der Garten beherbergt einen eigenen Teich oder liegt in der Nähe anderer Gewässer. An neu angelegten Teichen stellen sich die sonnenliebenden, wendigen Jäger schnell ein. An ihrem typischen Körperbau mit vier deutlichen Flügeln und langem, schlankem Hinterleib sind sie leicht zu erkennen. Vorne am sehr beweglichen Kopf sitzen extrem große Augen, die aus bis zu 28.000 einfachen Einzelaugen zusammengesetzt sein können. In der Mitte jeden Auges ist ein schwarzer Punkt, die sogenannte Pseudopupille zu erkennen, hier sehen die Libellen am besten. Farbsehen und Tiefenschärfe sind besonders gut ausgebildet. Die vier Flügel lassen sich voneinander unabhängig bewegen und ermöglichen den Libellen eine Manövrierfähigkeit ähnlich einem Hubschrauber, sie können nicht nur in der Luft stehen, sondern auch rückwärts fliegen. Die größeren Libellen erreichen Geschwindigkeiten über 25 km/h. Neben der Flügelform und der Flügeladerung sind Lage und Ausbildung des dunklen Flügelpunktes (Pterostigma) nahe des Flügelendes und des Knickes (Nodus) an der Flügelvorderkante zur Bestimmung von Libellen wichtige Merkmale, allerdings sind hierzu ein geübtes Auge und ein guter Feldführer erforderlich. Die drei mit Borsten besetzten Beinpaare bilden einen nach vorne gerichteten Fangkorb, mit dem Beute aus der Luft „gefischt" wird. Die relativ große Brust (Thorax) beherbergt starke Muskeln, um die Flügel und Beine so beweglich benutzen zu können. Da ausgewachsene Libellen die meiste Zeit in der Luft verbringen, sind ihre Fühler nur sehr kurz.
Spektakulär und leicht zu beobachten ist das Paarungsverhalten der Libellen. Dabei fasst das Männchen mit seinen zu Greifinstrumenten umgebildeten Hinterleibsanhängen das Weibchen hinter dessen Kopf. Das Paar kann in dieser Tandemposition längere Zeit verbleiben und auch umherfliegen. Nachdem die Tiere sich gesetzt haben, krümmt das Weibchen seinen Hinterleib von unten zu den weiter vorne am Hinterleib des Männchens sitzenden Spermataschen vor. Dieses typische „Paarungsrad" hat eigentlich eher die Form eines kopfstehenden Herzens. Während der Eiablage bleiben die Männchen oft noch bei den Weibchen, entweder in Tandemposition oder nebeneinander herfliegend. Das Männchen scheint die Eiablage zu überwachen und sicherzustellen, dass ihm kein Rivale in die Quere

kommt. Die Eier werden je nach Libellenart ins Wasser abgeworfen, im Wasser abgelegt bzw. abgewaschen oder im Schlamm oder in Pflanzenteilen untergebracht. Die meisten Libellenmännchen besetzen vor allem während der Paarungszeit Reviere, die sie regelmäßig abfliegen und die in spektakulären Luftkämpfen gegen andere Männchen verteidigt werden.

Libellenlarven (wegen der unvollkommenen Verwandlung eigentlich Nymphen, s. S. 13) ernähren sich wie die erwachsenen Tiere von anderen Lebewesen, z. B. Kaulquappen, und sind für ihr Leben unter Wasser mit einigen Besonderheiten ausgestattet. Der Unterkiefer ist zu einer sehr beweglichen Fangmaske umgebildet, an deren Ende eine Greifzange sitzt. Die Fangmaske kann blitzschnell nach vorne ausgeschleudert werden. Libellenlarven atmen über Kiemen. Bei den Kleinlibellen befinden sich die Kiemen in drei federartigen Anhängen am Hinterleib. Auch Eintagsfliegenlarven besitzen drei Anhänge, der Kopf der Libellenlarven weist aber deutlich die großen Libellenaugen auf. Bei Großlibellenlarven liegen die Atemorgane in einer Höhlung im Hinterleib. Viele Großlibellenarten leben über mehrere Jahre als Nymphen im Wasser. Mit jeder Häutung werden die Flügelanlagen deutlicher, je länger sie sind, umso näher steht die letzte Häutung zur ausgewachsenen Libelle bevor. Die Nymphen schwimmen dann weiter an der Wasseroberfläche, da ihre Kiemen nicht mehr voll arbeiten und bei den Tieren die Atmung über Tracheen einsetzt. Nachdem die Libellenlarven an senkrechten Pflanzen aus dem Wasser geklettert sind, öffnet sich die Larvenhülle an einer besonders dünnen Stelle hinter dem Kopf und die ausgewachsene Libelle schlüpft heraus. Sobald die Flügel voll aufgepumpt und ausgehärtet sind, machen sich die Tiere mit dem typischen raschelnden Fluggeräusch in die Lüfte davon. Zurück bleiben die leeren Hüllen, sogenannte Exuvien, anhand derer die Libellenarten auch bestimmt werden können. Innerhalb weniger Tage oder sogar Stunden kann man meist mehrere Nymphen gleichzeitig beim Schlupf beobachten.

Frühe Adonislibellen bilden bei der Paarung eine kopfstehende Herzform.

Fliegende Edelsteine
Die Farben von Körpern und Flügeln sind wichtige Merkmale zur Bestimmung von Libellen, können aber manchmal auch irreführend sein. Frisch geschlüpfte Libellen sind zunächst sehr blass, die Färbung reift erst nach einigen Tagen bis zu mehreren Wochen. Bei toten Tieren sind die Farben verblichen. Häufig sind Männchen und Weibchen unterschiedlich gefärbt, hinzu kommt, dass vor allem die geschlechtsreifen Männchen vieler Arten einen matten Überzug aufweisen, ähnlich der Bereifung von Pflaumen. Bis zur Art lassen sich Libellen am besten anhand der Flügeladerung bestimmen.

Alle Libellenarten in allen Entwicklungsstadien stehen unter Naturschutz!

Aus der Fülle unterschiedlicher Libellenarten werden hier nur drei, häufig an Gartenteichen zu beobachtende Arten kurz vorgestellt. Sie stehen stellvertretend für Kleinlibellen, „Falken" und „Lauerer" (s. Kasten auf der folgenden Seite).

Der Trick mit dem Stock
Die Beobachtung von Libellen kann aufgrund ihres manchmal hektisch wirkenden Umherfliegens recht schwierig sein. Das Territorialverhalten der Libellen und ein Fernglas mit einem Beobachtungsabstand unter 2 m kann hier Abhilfe schaffen. Viele Libellenmännchen besetzen zur Paarungszeit Reviere. Von erhöhten Punkten versuchen sie Rivalen ebenso wie Weibchen zu erspähen. Mit geeigneten Stöcken, die in Ufernähe in den Boden gesteckt werden, möglichst schräg zur offenen Wasserfläche hin, lassen sich die Tiere näher zu günstigen Beobachtungspunkten locken und dann mit dem Fernglas in Ruhe betrachten.

Kleinlibellen

Kleinlibellen besitzen sehr schlanke Körper. Die Flügelpaare sind sehr ähnlich ausgebildet und werden zur Wurzel hin schmaler. Kleinlibellen sind weniger talentierte Flieger, die Flügel werden in Ruhestellung meist schräg nach oben zusammengelegt. Die Augen sitzen wie kleine Perlen seitlich am Kopf.

Frühe Adonislibelle *Pyrrhosoma nymphula*
Rote Libelle mit schwarzer, grün schimmernder Zeichnung, schwarze Beine; eine der ersten Kleinlibellen im Jahr, fliegt ab Mai. Sitzt oft in ufernahen Pflanzen, die Flügel sind dabei leicht geöffnet. Die Eier werden unter Wasser in Pflanzenstängeln abgelegt.

Großlibellen

Bei den Großlibellen sind die Hinterflügel meist breiter als die vorderen, die Umrisse der Vorder- und Hinterflügel sind unterschiedlich – daher der lateinische Name „Anisoptera" = Ungleichflügler. Die Flügel werden immer ausgebreitet getragen, außer direkt nach dem Schlüpfen aus der Larvenhaut. Großlibellen besitzen sehr große Augen, die bei vielen Arten in der Kopfmitte aneinandergrenzen.

Falken und Lauerer
Unter den Großlibellen sind artspezifisch zwei Jagdtechniken verbreitet. Die „Falken" fliegen entlang Gewässerabschnitten oder kreuz und quer über insektenreichen Flächen und ergreifen Beute während des Fluges. „Lauerer" besetzen Ansitzwarten und beobachten den Luftraum, um schnell zum Angriff zu starten. Die Ansitze werden immer wieder aufgesucht und oft für den ganzen Tag benutzt.

Große Königslibelle *Anax imperator*
Zu den „Falken" zählende Art; um 70 mm groß, Hinterleib beim Männchen blau, beim, Weibchen blaugrün, mit grüner Brust. Fliegt sehr schnell über krautigem Uferbewuchs, die Eier werden oft in sehr kleinen Gewässern in schwimmenden Pflanzen abgelegt.

Larve und erwachsenes Tier.

Plattbauch *Libellula depressa*
Typischer „Lauerer"; flachgedrückter brauner Körper, Hinterleib bei älteren Männchen blau bereift. Die Flügel sind an der Wurzel schwarzbraun. Häufig an Gartenteichen, wo die Libellen nicht selten von niedrigen Büschen aus jagen.

Springschrecken

Alle gemeinhin als „Heuschrecken" bezeichneten Insekten zählen zu den Springschrecken, von denen fast 20.000 Arten bekannt sind. Von den meist wärmeliebenden Arten kommt nur etwa 1% in Deutschland vor. Gemeinsames Merkmal sind die mit kräftigen Sprungmuskeln ausgestatteten Hinterbeine, ebenso wie die Fähigkeit fast aller Männchen, mithilfe speziell ausgebildeter Körperteile Töne und Tonfolgen zu erzeugen, zu „stridulieren" (s. Kasten). Alle Springschrecken besitzen beißend-kauende Mundwerkzeuge. Farbe und Gestalt der ausgeprägten Halsschilder sind gute Bestimmungsmerkmale. Die Vorderflügel sind meist lederartig ausgebildet und sehr schmal, wohingegen die häutigen Hinterflügel recht breit sind. Heuschrecken durchlaufen eine allmähliche Verwandlung (hemimetabole Metamorphose), die Nymphen sind den erwachsenen Tieren sehr ähnlich, sodass man „ungeflügelte Heuschrecken" findet. Während der Larvenzeit häuten sich die jungen Heuschrecken bis zu neunmal, jeweils wenn die alte Haut zu eng wird. An der Größe der Flügelanlagen ist das ungefähre Alter der Nymphen zu erkennen. Erst nach der letzten Häutung besitzen die meisten Arten Flügel, manche Arten sind auch flügellos. Heuschrecken entziehen sich einer Gefahr zunächst durch Wegspringen, erst nach dem Absprung werden manchmal auch die Flügel benutzt.

Immer dem Zirpen nach

Heuschrecken sind bekannt für die Fähigkeit, je nach Art unterschiedlichste Laute zu erzeugen. Von April bis Oktober kann man im wirbellosenfreundlichen Garten Heuschrecken finden. Die beste Zeit liegt jedoch im August, wenn fast alle heimischen Arten auf Partnersuche sind. Die meisten Heuschreckenarten benötigen höhere Temperaturen, um aktiv zu sein und singen somit hauptsächlich bei Sonnenschein und/oder während der Mittagsstunden. Manche Arten, wie das Grüne Heupferd und die Maulwurfsgrille sind während der Abenddämmerung bis spät in die Nacht zu hören. Um die „Sänger aufzuspüren", kann man den Lauten nachgehen. Dabei sollte man sich sehr langsam bewegen, denn häufig wird man auf das entsprechende Insekt aufmerksam, weil es gerade weggesprungen ist. Viele Arten verstummen, sobald eine Störung auftritt. Mit etwas Geduld kann man abwarten, bis die Tiere sich wieder sicher fühlen und ihren Gesang fortsetzen. Nicht selten scheint dieser dann aus einer anderen Richtung zu kommen, wenn die Heuschrecken sich gedreht, ihren Platz gewechselt oder vielleicht auch nur die Lautstärke verändert haben.

Stridulieren

Insekten und Spinnen können durch Aneinanderreiben von zwei Körperteilen zirpende, kratzende, brummende oder zischende Laute erzeugen, sie „stridulieren". Der „Gesang" der Heuschrecken dient dem Anlocken von Weibchen sowie der Revierabgrenzung. Kurz- und Langfühlerschrecken haben zur Tonerzeugung unterschiedliche Techniken entwickelt und unterscheiden sich in der Ausbildung ihrer „Ohren".

Kurzfühlerschrecken reiben kleine Häkchen auf der Schenkelinnenseite der Hinterbeine gegen eine leistenartig verdickte Ader im Vorderflügel. Ihre Hörorgane sitzen an den Seiten des Hinterleibes und sind meist sehr schwer zu sehen.

Langfühlerschrecken reiben die Vorderflügel aneinander, wobei über kleine Einkerbungen der Ton erzeugt wird. Leichtes Aufstellen der Flügel sowie eine Art Resonanzfläche in den Flügeln verstärken die Töne. Durch diese Stridulationsorgane sind die Vorderflügel nicht symmetrisch ausgebildet. Der Gesang besteht meist aus längeren und höheren Tönen als bei den Kurzfühlerschrecken. Die Hörorgane der Langfühlerschrecken sitzen oft deutlich erkennbar an den Schienen der Vorderbeine.

Einige Arten, wie z. B. die Gemeine Eichenschrecke, stridulieren nicht, sondern trommeln mit ihren Hinterfüßen auf Blätter.

Kurzfühlerschrecken

Kurzfühlerschrecken, auch Feldheuschrecken oder Grashüpfer genannt, zeichnen sich durch namengebende kurze Fühler aus. Kurzfühlerschrecken benutzen zum Stridulieren Hinterbeine und Flügel. Die Tiere sind i.d.R. tagaktiv und ernähren sich fast ausschließlich von Pflanzen.

Bunter Grashüpfer *Omocestus viridulus*
Bis 20 mm, grün z.T. mit braun oder grau, Hinterleib unten gelblich; Kopfoberseite deutlich gekielt; auf Grasstandorten aller Art. Gesang: bis zu 20 Sekunden anhaltendes, in der Tonhöhe variierendes Zischen, das lauter wird und plötzlich abbricht.

Brauner Grashüpfer *Chorthippus brunneus*
Bis 25 mm groß (Weibchen), braun gefleckt, Seiten schwarz-hell gestreift. Viele Farbvarianten mit grau, grün und schwarz möglich, Hinterleibsende oft rotorange. Überall sehr häufige Art, v. a. auf trocken-warmen Standorten; die Grashüpfer bewegen sich auch fliegend fort und besiedeln als Pionierart neu entstandene Lebensräume. Gesang: 6 bis 10 gleichmäßig kurze, relativ tiefe Töne, unregelmäßig wiederholt.

Langfühlerschrecken

Namengebend sind die sehr langen Fühler, die den dämmerungs- und nachtaktiven Tieren zur Orientierung dienen. Langfühlerschrecken stridulieren mit den Flügeln. Sie ernähren sich von anderen Kleintieren ebenso wie von Pflanzen.

Laubheuschrecken

Die Weibchen sind mit gut erkennbaren sichel- oder schwertförmigen Legesäbeln ausgestattet, mit denen die Eier in Pflanzen bzw. im Boden gelegt werden.

Grünes Heupferd, Großes Heupferd
Tettigonia viridissima
Mit bis zu 40 mm Länge eine der größten europäischen Heuschreckenarten, grün mit brauner Flügelkante im Stridulationsbereich. Der Gesang ist ab dem späten Nachmittag die ganze Nacht hindurch zu hören. Grüne Heupferde werden als Vertilger von Raupen und Blattläusen im Garten gerne gesehen. Nimmt man sie aber in die Hand, können sie schmerzhaft beißen. Gesang: lautes, scharfes Zirpen in langen Strophen mit kurzen Unterbrechungen.

Gemeine Eichenschrecke *Meconema thalassium*
Kleinere Ausgabe des Grünen Heupferdes mit bis zu 15 mm Länge; kommt in Eichen und anderen Laubbäumen hoch oben zwischen den Blättern vor; striduliert nicht, sondern trommelt mit den Hinterfüßen auf Blättern. Eichenschrecken werden vom Licht angezogen. Mithilfe einer starken Taschenlampe, die nach oben strahlend am Stamm einer Eiche befestigt ist, können die Insekten während der Nacht aus dem Gezweig heruntergelockt und beobachtet werden.

Punktierte Zartschrecke
Leptophyes punctatissima
Ebenfalls bis 15 mm lang, grün mit dichtem schwarzem Punktmuster; durch den relativ kompakten Körperbau erscheinen die langen Beine besonders spindelig; tag- und nachtaktiv, frisst ausschließlich Pflanzen, als Kulturfolger oft in dichtem Gebüsch in Gärten anzutreffen, wo sie nicht selten an Rosen nagt. Gesang: schwaches kratzendes Geräusch, in kurzen Abständen wiederholt.

Gemeine Strauchschrecke
Pholidoptera griseoaptera
Bis 17 mm lang, dunkel gefärbt, dunkelgrau bis kastanienbraun; an sonnigen Tagen auch nachmittags, hauptsächlich aber nachts aktiv; in Hecken, Büschen und Gärten. Gesang: relativ lautes, hohes Zirpen, kurz in unregelmäßigen Wiederholungen.

Fledermausdetektor
Die häufig wenig lauten Gesänge von Heuschrecken und Grillen lassen sich mithilfe eines Fledermausdetektors besser hörbar machen und können bei der Bestimmung hilfreich sein.

Grillen

Grillen sind Langfühlerschrecken mit sehr dünnem, nadelartigem Legebohrer und lang ausgebildeten Hinterleibsanhängen (Cerci). An den Schienen der Vorderbeine tragen Grillen meist innen und außen je ein Hörorgan.

Heimchen *Acheta domestica*
Bis 20 mm große, braune Grille; nachtaktive Allesfresser, die ihre Anwesenheit durch ausdauerndes Zirpen mit zwei bis drei Tönen pro Sekunde verraten. Heimchen wurden aus Südwest-Asien und Nordafrika nach Mitteleuropa eingeschleppt und sind vor allem in Gebäuden, auch in Gartenhäuschen und Schuppen häufig zu finden.

Maulwurfsgrille, Werre *Gryllotalpa gryllotalpa*
Braune, etwa 50 mm große, dicht behaarte Grille mit relativ kurzen Beinen. Die Vorderbeine sind zu kräftigen Grabschaufeln umgestaltet, großes Brustschild. Maulwurfsgrillen leben räuberisch unter der Erde in selbst gegrabenen Bauen, mit bis zu vier Meter tief reichenden Gangsystemen. Neben solchen für Vorräte werden auch Brutkammern für mehrere Hundert Eier angelegt. Maulwurfsgrillen betreiben intensive Brutpflege. Ende Mai, Anfang Juni kommen die Grillen an warmen Abenden zur Partnersuche an die Erdoberfläche. Dann nutzen sie auch ihre voll entwickelten Hinterflügel zur Fortbewegung. Gesang: langanhaltendes sanftes Schwirren, ähnlich dem Gesang des Ziegenmelkers oder den Rufen der Wechselkröte. Noch vor wenigen Jahrzehnten war die Maulwurfsgrille in Deutschland sehr häufig, heute wird sie in der Roten Liste gefährdeter Tierarten in der Kategorie „stark gefährdet" geführt.

Lebende Thermometer
Wie für viele andere Gliederfüßer gilt auch für Heuschrecken: Je wärmer die umgebende Temperatur ist, umso aktiver sind die Tiere. Dies zeigt sich besonders deutlich, wenn man die Geräuschkulisse im Garten an einem warmen, sonnigen Sommertag mit der eines kühlen, bedeckten Tages in derselben Jahreszeit vergleicht. Nicht nur zirpt und klingt es bei Sonne aus allen Ecken, auch die Anzahl einzelner, singender Individuen und die Geschwindigkeit von Tonfolgen nehmen mit der Wärme zu. Zu den lautesten Insektenarten zählt das Grüne Heupferd. Ab einer Temperatur von 15 °C zirpen die Tiere fast durchgehend, die einzelnen Töne sind schwer abzugrenzen. Bei weniger als 15 °C sind einzelne Töne hörbar. Mithilfe einer Stoppuhr kann nun die (ungefähre) Lufttemperatur ermittelt werden. Man zählt hierzu die Töne innerhalb einer Zeitspanne von 15 Sekunden und bildet aus mehreren Zählungen einen Mittelwert. Teilt man diesen Wert durch zwei und fügt sechs hinzu, entspricht der errechnete Wert der umgebenden Temperatur +/- ein bis zwei Grad Celsius.
Beispiel: 18 Töne in 15 Sekunden; 18 : 2 = 9; 9 + 6 = 15 °C Lufttemperatur

Ohrwürmer

Der Name Ohrwurm hat ursprünglich mit Ohren wahrscheinlich gar nichts zu tun, sondern rührt vielmehr eher von der Form der Hinterleibsanhänge, die durch ihre Krümmung ein Öhr bilden. Bei den Weibchen sind diese Öhre besser ausgebildet, die Zangen der Männchen sind gestreckt. Ohrwürmer haben sehr kurze Flügel, bei manchen Arten sind nur Vorder- bzw. nur Hinterflügel oder gar keine Flügel vorhanden. Der sehr flache Körperbau ermöglicht den Tieren Zuflucht in Ritzen und Spalten. Üblicherweise bewegen sie sich laufend fort, vorzugsweise nachts, wenn Ohrwürmer auf der Suche nach Nahrung sind. Sie sind allgemein Allesfresser und verzehren meistens pflanzliche oder tierische Überbleibsel, mit Vorliebe fressen sie Blattläuse. Allerdings verschmähen sie auch weichblättrige Blüten nicht, sodass Ohrwürmer bei Rosengärtnern nicht immer gerne gesehen sind. Tagsüber ziehen sich die Tiere an dunkle trockene Plätze zurück, beispielsweise unter Borke, flache Steine oder in Mauerritzen. Erwähnenswert ist das Brutverhalten der Ohrwürmer, wobei die Eier gut geschützt beispielsweise in Borkenspalten gelegt, bewacht und gepflegt werden. Bei manchen Arten werden die frisch geschlüpften, noch sehr hellen Jungtiere sogar gefüttert.

Gebüsch-Ohrwurm *Apterygida media*
Hellbraun, mit stummelartigen Hinterflügeln, ovalem Öhr mit einem Zahn jeweils in der Mitte der Zangen; häufig auf den Blättern und in Blüten von Sträuchern zu finden.

Gemeiner Ohrwurm *Forficula auricularia*
In deutschen Gärten häufigster Ohrwurm, dunkelbraun, Weibchen mit deutlich rundem Öhr, mit einem Zahn an der Zangenbasis, die Hinterflügel ragen unter den Deckflügeln hervor; bodenbewohnend, aber auch in Blüten zu finden.

Schnabelkerfe

Zu den Schnabelkerfen zählen alle Wanzen, Zikaden und Läuse. Allen Arten gemeinsam sind die stechend saugenden Mundwerkzeuge, mit denen die Tiere Pflanzensäfte oder Körperflüssigkeiten von Tieren aufnehmen. Vielfältig ist dagegen das Aussehen der verschiedenen Arten, von grellbunt gefärbt, mit fransigen Auswüchsen, schlank oder kugelförmig bis hin zu im Wasser lebenden oder winzig kleinen Arten ist alles vertreten.

Wanzen

Eine Besonderheit der Wanzen sind die zweigeteilten Vorderflügel, von denen etwa zwei Drittel lederartig verhärtet und ein Drittel häutig ausgebildet sind. Die Ränder der lederartigen Flügelabschnitte bilden ein Kreuz. Besonders auffällig ist auch das oft sehr große Schildchen, das als wichtiges Bestimmungsmerkmal dient. Zahlreiche Wanzenarten betreiben Brutpflege und verteidigen Eier und Junge gegenüber Räubern.

Gestank als Warnung
Viele Wanzenarten, zu denen auch die Grüne Stinkwanze gehört, sondern bei Gefahr ein übel riechendes Sekret aus Drüsen auf der Brustunterseite ab. Mit den Beinen wird die stinkende Substanz verteilt oder sogar direkt auf einen Angreifer gespritzt und Fressfeinde werden wirksam abgewehrt. Der unangenehme Geruch hält relativ lange an, Stinkwanzen daher besser nicht direkt auf der Hand oder zwischen den Fingern halten!

Grüne Stinkwanze *Palomena prasina*
Leuchtend grün bis grün-braun, verfärbt sich im Spätherbst bronzebraun, überdauert einen Winter und wird im Frühjahr wieder grün. Auf unterschiedlichen Büschen und Bäumen; sondert wie viele andere Wanzen bei Gefahr ein übel riechendes Sekret ab.

Rotbeinige Baumwanze *Pentatoma rufipes*
Mit bis zu 15 mm eine der größten heimischen Wanzen, dunkelbraun mit z.T. metallischem Glanz und orange-gelbem Schildchen, deutlich ausgeprägte „Schultern" am vorderen Halsschild; auf Bäumen und Büschen, häufig auf Obstbäumen.

Gemeine Feuerwanze, Feuerkäfer *Pyrrhocoris apterus*
Auffällig schwarz-rot gefärbte Baumwanze, die sich von einigen ähnlich gefärbten Bodenwanzen durch einen durchgehenden roten Rand rund um Halsschild und Hinterleib sowie zwei deutlich runde schwarze Punkte auf roten Deckflügeln unterscheidet; kommt an verschiedenen Pflanzenarten vor, häufig an Malvengewächsen, an deren Samen sie saugt. Feuerwanzen leben gesellig, d.h. wo sie vorkommen, sind immer mehrere zu finden.

Streifenwanze, Badehosenwanze *Graphosoma lineatum* früher *italicum*
Auffällig schwarz-rot längs gestreifte Baumwanze; hat ihren Beinamen „Badehosenwanze" wahrscheinlich aufgrund der Tatsache erhalten, dass die Art ursprünglich im Mittelmeerraum verbreitet war und mit ihrer Färbung an das Muster einer Badehose erinnert. Zunehmend wärmere Sommer und mildere Winter ermöglichen der Streifenwanze anscheinend auch das Vorkommen in Deutschland, wo die Tiere vor allem auf Doldenblüten zu sehen sind. Die grelle Färbung soll Fressfeinde vor unangenehmem Geschmack warnen.

Unter den Wanzen gibt es auch solche, die an eine Lebensweise im oder am Wasser bestens angepasst sind, z. B. ***Wasser liebende Landwanzen*** wie der räuberische **Gemeine Wasserläufer** *Gerris lacustris,* der mit Wasser abstoßenden Härchen auf der Körperunterseite ausgestattet ist. Wasserläufer ebenso wie der etwas kleinere **Teichläufer** *Hydrometra stagnorum* nutzen die Oberflächenspannung von Stillgewässern. Mit weit gespreizten Beinen stehen die Tiere auf der Wasseroberfläche, wobei sie mit den Hinterbeinen steuern und mit dem mittleren Beinpaar rudern. Mit den vorderen Beinen nehmen Wasserläufer kleine Wellen von ins Wasser fallenden Insekten wahr, die sie dann mit den Vorderbeinen fangen und aussaugen. Flügel können vorhanden sein oder auch nicht, geflügelte Wasserläufer fliegen auch von einem Gewässer zum anderen.

Auf dem Wasser laufen
Ähnlich der Klarsichtfolie über einer Schüssel Pudding ist die Wasseroberfläche gespannt und kann leichte Gewichte tragen. Ein einfacher Versuch verdeutlicht dies: ein Gefäß mit Wasser füllen und zur Ruhe kommen lassen; verschiedene Objekte, z. B. eine kleine Büroklammer oder Papierschnipsel lassen sich nun mithilfe einer Pinzette vorsichtig auf der Wasseroberfläche ablegen, sie schwimmen nicht, sondern liegen darauf; wird dem Wasser Spülmittel zugefügt, so zerbricht die Oberflächenspannung und die Objekte sinken.

Wasserwanzen leben im Wasser und nutzen unterschiedliche Strategien, um mit Atemluft versorgt zu werden. Der lange „Stachel" am Hinterleib eines **Wasserskorpions** *Nepa cinerea* beispielsweise ist in Wirklichkeit ein feines Atemrohr, das zum Luftholen aus dem Wasser herausgestreckt wird. Die in der Form Skorpionsscheren ähnelnden Vorderbeine gaben der Art ihren Namen, sind aber tatsächlich Fangbeine, mit denen die räuberisch lebenden Wasserskorpione ihre Beute ergreifen. Wasserskorpione bevorzugen schlammige Gewässer. Gefährliche Räuber sind auch die **Rückenschwimmer** *Notonecta glauca,* die sogar Kaulquappen und kleine Fische erbeuten. Statt eines Atemrohres tragen Rückenschwimmer auf der nach oben gerichteten Bauchseite eine große Luftblase mit sich herum. Rückenschwimmer kann man mit winzigen Fleischstückchen, z. B. Kochschinken füttern und dabei ihr Verhalten beobachten.

Wasserskorpion.

Rückenschwimmer.

Zikaden

Die Flügel der Zikaden sind entweder nur ledrig oder nur häutig ausgebildet und in Ruhestellung dachartig zusammengefaltet. Manche Arten sind auch flügellos. Die Fühler von Zikaden sind sehr kurz.

Singzikaden

Die meisten Singzikadenarten sind wärmeliebend. In Deutschland konnten bisher sehr wenige Arten nachgewiesen werden, so z. B. **Weinzwirner** oder Lauer *Tibicina haematodes* und die **Bergzikade** *Cicadetta montana*, und diese vornehmlich im Südwesten. Aufgrund ihrer zirpenden „Gesänge", die je nach Art unterschiedlich sein und als Bestimmungsmerkmal dienen können, werden Singzikaden oft mit in Gärten wesentlich häufigeren Grillen und Heuschrecken verwechselt (siehe „Springschrecken" S. 77). Mithilfe von Schallmembranen erzeugen die Männchen Laute, die Weibchen anlocken sollen. Die Eier werden mit einem langen Legebohrer in der Borke abgelegt. Nach dem Schlüpfen fallen die Nymphen zu Boden und leben für mehrere Jahre unterirdisch. Hierzu sind die Vorderbeine zu kräftigen Grabbeinen ausgebildet. Die Flügel der Singzikaden sind relativ groß und ragen etwa ein Drittel über den Hinterleib hinaus.

Bergzikade.

Schaumzikaden

Die Nymphen der Schaumzikaden leben gut geschützt in selbst hergestellten Schaumnestern, die auch Kuckucksspeichel genannt werden und meistens zu mehreren an Pflanzen zu finden sind. Die Nymphen scheiden einen eiweißhaltigen Schleimstoff aus, der mithilfe von Luft aus der Atemhöhle aufgeschäumt und um das Insekt herum gehüllt wird. Die spezielle Mischung aus Zucker und eigens gebildeten Eiweißen gewährleistet, dass der Schaum nicht in sich zusammenfällt.

Blasen blasen

Mit einem sehr feinen Aquarell-Pinsel kann man das im Schaumnest enthaltene Insekt freilegen und anschließend mit viel Geduld beobachten, wie sich die Nymphe mit neuem Schaum wieder einhüllt.

Die häufigste in Deutschland vorkommende Schaumzikade ist die **Wiesenschaumzikade** *Philaenus spumarius*, deren Nymphen ihre Schaumnester an Gräsern und niedrigen Kräutern anlegen.

Blattläuse

Blattläuse sind sehr kleine Pflanzenbewohner, die mit ihren Mundwerkzeugen Pflanzenteile anstechen und deren süßen Saft saugen. Dieser Saft enthält weit mehr Zucker als die von den Blattläusen benötigten Proteine, sodass nur etwa 10 % der zuckerhaltigen Flüssigkeit tatsächlich verbraucht werden. Der Rest wird als bei Ameisen sehr beliebter "Honigtau" ausgeschieden (siehe „Ameisen", S. 111). Einige Blattlausarten werden von Ameisen „gepflegt", die im Gegenzug ihren Energiebedarf mit Honigtau decken. Häufig sitzen Blattläuse auf der Unterseite der Blätter und sind nicht immer sofort zu sehen. Ihre klebrigen Ausscheidungen jedoch sind auf unteren Blättern oder unter den Büschen oder Bäumen stehenden Gartenmöbeln oder Autos gut sichtbar. Weibliche Blattläuse besitzen plumpe, tropfenförmige Körper, im Gegensatz zu den Männchen mit schlankerem Körperbau. Innerhalb der Arten kommen geflügelte und ungeflügelte Generationen vor. Nach starker Vermehrung führt Nahrungsknappheit zur Produktion von Nachkommen mit Flügeln, um zu neuen Nahrungspflanzen zu fliegen. Ebenfalls geflügelte Generationen entstehen im Herbst, wenn sich Blattlausmännchen und -weibchen verpaaren und die Weibchen auf Winterwirtspflanzen übersiedeln, wo sie ihre Eier legen. Die Eier überdauern den Winter. Im Frühjahr schlüpfen die Jungen, die bereits nach einer Woche reproduzierfähig sind. Im Frühjahr und Sommer können sich Weibchen ohne Männchen vermehren (Jungfernzeugung) und lebende Junge gebären.

Geflügelte Tiere falten die Flügel in Ruhestellung wie ein Dach über dem Körper zusammen. Am Hinterleibsende liegen bei einigen Arten sogenannte Rückenröhren, die ein unangenehmes Wachs ausscheiden und so Angreifer abwehren. Bei „Ameisen-Blattläusen" sind diese Anlagen reduziert oder ganz verschwunden, sodass sie die Honigtautropfen für Ameisen leicht erreichbar an ihrem Hinterleib tragen können.

Wichtige Fressfeinde der Blattläuse sind Marienkäfer- und Florfliegenlarven.

In Gärten leben mehrere Blattlausarten, darunter die **Schwarze Bohnenlaus** *Aphis fabae*, die nur in kleinen Kolonien vorkommende **Grüne Pfirsichblattlaus** *Myzus persicae* und die **Große Rosenblattlaus** *Macrosiphum rosae*.

Schwarze Bohnenlaus.

Rosenblattlaus.

Fransenflügler

Fransenflügler oder Blasenfüße sind den meisten Menschen als Gewitterwürmchen oder Gewitterfliegen wohl bekannt. Der Name „Fransenflügler" bezieht sich auf die zwei Paare sehr schmaler befranster Flügel der meisten Arten, manche sind auch flügellos. Die kleinen Tiere können trotz dieser Flügel aber nicht fliegen und nutzen als sogenanntes Luftplankton warme Winde als Antrieb. Im Sommer, an schwülen, warmen Tagen und kurz vor Gewittern, schwärmen die kleinen 1 bis 3 mm großen Insekten und besetzen zu Tausenden Fenster und Wände von Gebäuden. Ebenfalls auf eine anatomische Besonderheit bezieht sich der gleichermaßen benutzte Name „Blasenfüße", nämlich auf lappenartig verbreiterte Saugnäpfe an den Füßen, die jedoch nicht aufgeblasen, sondern nur zusammengefaltet werden können. Fransenflügler ernähren sich von Pflanzensäften und saugen hauptsächlich an Blättern und Blütenblättern. *Aeolothrips intermedius* ist häufig an gelben Blüten wie Löwenzahn anzutreffen. Durch Saugen können einige Arten auch Schäden z. B. an Getreideähren (**Getreideblasenfuß** *Limothrips cerealium*) oder Erbsenschoten (**Erbsenblasenfuß** *Kakothrips pisivorus*) verursachen.

Netzflügler

Netzflügler besitzen vier häutige Flügel, deren zahlreiche Queradern ein netzartiges Muster ergeben. Unter den Netzflüglern finden sich Arten mit abenteuerlich anmutenden Namen wie Ameisenjungfer, Goldauge oder Kamelhalsfliege. Die Larven der Florfliegen und Taghaften werden wegen ihrer Vorliebe für Blattläuse auch „Blattlauslöwen" genannt. Viele der Netzflügler lieben Wärme und kommen in Europa eher im Mittelmeerraum vor, einige sind aber auch in Gärten in Deutschland zu finden.

Gemeine Ameisenjungfer *Myrmeleon formicarius*
Libellenartiges Insekt mit kräftigen Fühlern; ungefleckte Flügel mit bis zu 70 mm Spannweite, in Ruhestellung über dem Körper zusammengelegt. Die erwachsenen Tiere sind an Pflanzen, wo sie nach kleineren Insekten jagen, schwer zu erkennen. Die Larven werden Ameisenlöwen genannt und bauen gut sichtbare Trichter, an deren Grund sie auf hineinfallende Insekten, z. B. Ameisen warten. Kommt nur in offenem trockenem Gelände vor. ***Ameisenjungfern stehen unter Naturschutz!***

Erwachsenes Tier und Larve.

Florfliegen, Goldaugen
Nachtaktive, meist hellgrüne (manchmal braune) Insekten, bis 15 mm lang, mit sehr delikaten Flügeln und wie kleine Goldperlen rechts und links am Kopf sitzenden Komplexaugen. Florfliegen legen ihre Eier an langen Stielen auf Blättern ab, um sie vor nach Nahrung suchenden Ameisen zu schützen. Die Larven ernähren sich von Blattläusen, die sie mit ihren kräftigen Mundwerkzeugen ergreifen und dann aussaugen. Die leeren Blattlaushüllen befestigen die sogenannten Blattlauslöwen häufig zur Tarnung am eigenen Körper.

Taghafte
Ähnlich den Florfliegen, jedoch grau oder braun mit schwarzen Augen. Die Flügel sind häufig undurchsichtig braun und erinnern an welke Blätter, sodass die Tiere in Büschen und niedrigem Pflanzenwuchs schwer auszumachen sind. Die in Gärten und Hecken häufige Art *Micromus variegatus* ähnelt jedoch eher einer braunen Florfliege.

Kamelhalsfliegen zeichnen sich durch eine stark verlängerte Vorderbrust aus, die den Kopf sehr beweglich macht. Sie kommen in Wäldern und nur gelegentlich in Gärten vor.

Schmetterlinge

Schmetterlinge sind nach Käfern die artenreichste Insektenordnung. Weltweit sind bisher über 180.000 Arten bekannt, und jedes Jahr werden mehrere Hundert neue entdeckt.

Auffälligstes Merkmal der Schmetterlinge sind die häufig sehr großen, bunten Flügel. Die größte Flügelspannweite wurde mit bis zu 30 cm bei tropischen Faltern gemessen, die kleinste mit weniger als 2 mm ist unter den Motten zu finden.
Nach dem Schlupf zum ausgewachsenen Schmetterling werden die Adern der vorher in der Puppe eng zusammengefalteten Flügel mit Blut gefüllt und voll entfaltet. Sobald die Flügel getrocknet sind, haben die Flügeladern keine Funktion mehr.
Die Flügel der Schmetterlinge sind wie ihre Körper mit winzigen Schuppen bedeckt. Färbung und Struktur der Schuppen ergeben einzigartige Flügelmuster, anhand derer sich viele Schmetterlingsarten erkennen lassen.

Schmetterlinge ernähren sich nur von Flüssigkeiten, hauptsächlich Nektar. Die zu feinen Halbröhren umgewandelten Unterkiefer bilden zusammen den Saugrüssel, der bei unterschiedlichen Arten verschieden lang sein kann und in Ruhestellung aufgerollt unter dem Kopf getragen wird. Einige wenige Arten nehmen im Erwachsenenstadium überhaupt keine Nahrung zu sich, bei ihnen ist häufig auch kein Saugrüssel ausgebildet. Im Sommer bei hohen Temperaturen kann man Schmetterlinge an Pfützen und Wasserstellen beobachten, wo die Tiere neben Wasser auch Mineralsalze aufnehmen.

Eine Besonderheit der Schmetterlinge stellen ihre „Ohren" da, die in einer Körpergrube an der hinteren Brust oder im Hinterleib liegen. Eine dünne Haut wirkt hierbei ähnlich dem menschlichen Trommelfell. Einige Nachtfalterarten können Töne selbst im Ultraschallbereich wahrnehmen und so nach Beute jagenden Fledermäusen entwischen. Hierzu lassen sich die Falter beim Hören einer anfliegenden Fledermaus einfach fallen und entkommen so den Feinden.

Tagfalter und Nachtfalter

Insgesamt gibt es weit mehr Nachtfalter als Tagfalter. Den etwa 180 in Deutschland vorkommenden Tagfalterarten stehen über 3000 hier beobachtete Nachtfalterarten gegenüber. Die systematische Aufteilung in Tag- und Nachtfalter birgt einige Verwirrung, denn nicht alle bei Tageslicht fliegenden Schmetterlinge sind Tagfalter. Zu den Tagfaltern werden alle Schmetterlingsarten gezählt, deren Fühler in kleinen keulenförmigen Verdickungen enden. Tagfalter fliegen hauptsächlich bei Tageslicht. Alle übrigen Schmetterlingsarten werden als Nachtfalter bezeichnet, was aber nicht zwangsläufig bedeutet, dass Nachtfalterarten nur während der Dunkelheit unterwegs sind.

Tag- oder Nachtfalter?
Tagfalter besitzen am Ende der fadenförmigen Fühler kleine Keulen. Ihre Flügel halten sie in Ruhestellung ausgebreitet oder senkrecht nach oben zusammengeklappt. Die Flügel sind meist auffällig bunt gefärbt. Tagfalter fliegen bei Sonnenlicht.
Die Fühler von Nachtfaltern sind fadenförmig, fächerförmig oder einseitig gezähnt ausgebildet und enden nie in Verdickungen. In Ruhestellung bilden die Flügel eine Dreiecksform oder liegen dachartig über dem Körper zusammengefaltet. Sie sind häufig unauffällig gefärbt, bei vielen Arten sind nur die hinteren Flügel bunter. Unter den Nachtfaltern gibt es einige tagsüber fliegende Arten, die meisten jedoch fliegen nachts.

Ausgebreitete Flügel und keulenförmige Fühlerenden kennzeichnen den Kleinen Fuchs als Tagfalter.

Die Fühler von Nachtfaltern sind wie bei der Trinkerin häufig fächerförmig ausgebildet.

Die auffällig bunten Tagfalter lassen sich in Gärten mit nektarreichen Pflanzen relativ leicht beobachten. Nur mit einigem Aufwand bekommt man auch die nachtaktiven Schmetterlinge zu sehen, die sich mit Licht oder Zuckerlösung anlocken lassen (s. „Fangmethoden, Fallen und andere besondere Beobachtungsvorrichtungen" S. 171).

Schmetterlings-Büfett

Schmetterlinge saugen auch an künstlich ausgebrachter Nahrung und lassen sich am Schmetterlings-Büfett genauer betrachten. Hierzu werden auf einer Unterlage verschiedene süße und fruchtige Stoffe angeboten.

Einen Papp- oder Plastikteller oder Topfuntersetzer am Rand mit mehreren Löchern versehen und Draht zum Aufhängen des Büfetts befestigen. Die Unterlage in der Nähe von Pflanzen, die von Schmetterlingen besucht werden, aufhängen und mit Breien aus verschiedenem Obst, Zucker, Sirup oder Honig bestreichen. Die Beobachtungen können natürlich auch schriftlich festgehalten sowie die Zusammensetzung oder auch die Tageszeit des Angebotes verändert werden – dem Experimentieren sind hier keine Grenzen gesetzt.

Entwicklung

Schmetterlinge unternehmen eine vollkommene Umwandlung vom Ei über Raupe und Puppe zum ausgewachsenen Insekt. Die Eier werden i.d.R. auf den Futterpflanzen der Raupen abgelegt und kommen in unterschiedlichsten Ausführungen vor. Auch die Raupen erscheinen in variationsreichen Gestalten. Je nach Familien- oder Artzugehörigkeit sind sie schlicht oder auffällig in Form, Farbe und Lebensweise. Raupen können grellbunt oder wie Borke, Blätter oder Vogelkot getarnt, ihre Körper mit langen Borsten behaart, pelzig oder glatt ausgebildet sein.

Bunt wird nicht immer bunt

Aus den buntesten Raupen entwickeln sich nicht unbedingt die buntesten Schmetterlinge, wie diese Beispiele zeigen.

Brauner Mönch, Raupe und Falter.

Großer Gabelschwanz, Raupe und Falter.

Die meisten Raupen sind Einzelgänger, wobei häufig mehrere Raupen derselben Art auf einer Futterpflanze zu finden sind. Die Raupen mancher Arten gesellen sich in Gespinsten aus Raupenseide zusammen.

Als Larven von Insekten tragen auch die Raupen sechs Beine. Zusätzlich sind an einzelnen Hinterleibsegmenten noch ungegliederte Hautausstülpungen, sogenannte Bauchbeine vorhanden, die am Ende saugnapfähnlich ausgebildet sind und den Raupen bei der Fortbewegung Halt geben. Die meisten Schmetterlingsraupen haben vier Paar Bauchbeine.
Fast alle Raupen ernähren sich von Pflanzen, wobei einige Schmetterlingsarten auf bestimmte Pflanzenarten spezialisiert sind und ihre Eier nur auf den entsprechend geeigneten Futterpflanzen ablegen. Nur sehr wenige Schmetterlingsarten ernähren sich im Larvenstadium von anderen Insekten, so z. B. einige Bläulinge. Die meisten Bläulingsarten sind bei der Fortpflanzung auf das Vorkommen von Ameisen angewiesen und lassen ihre Raupen von Ameisen in deren Nestern aufziehen. Im Gegenzug trinken die Ameisen die honigtauähnlichen Ausscheidungen der Raupen. Viele dieser Raupen leben friedlich mit den Ameisen zusammen, manche Arten fressen allerdings auch die Ameisenbrut (s. auch „Ameisen“, S. 111).

Bei der Raupe des Schwalbenschwanzes sind deutlich die vorderen echten Beine und mehrere Bauchbeinpaare zu erkennen.

Nicht nur im Raupen-, sondern auch im Puppenstadium unterscheiden sich Schmetterlingsarten. Mit der letzten Raupenhäutung entsteht die Puppe. Bei Tagfaltern sind die Puppen als Stürzpuppen nach unten hängend oder als Gürtelpuppen mit einem Gespinstfaden um die Mitte an Pflanzenteilen befestigt.
Alle übrigen Schmetterlingsarten verpuppen sich frei im Boden oder geschützt in einem Kokon aus Raupenseide. Anders als bei Spinnen sitzen bei Schmetterlingen die Spinndrüsen nicht am Hinterleib, sondern an der Unterlippe.
Während der Puppenruhe oder Puppenphase verändert sich das Insekt innerhalb zwei bis vier Wochen von der Raupe zum Schmetterling. Manche Arten überwintern als Schmetterlinge in der Puppe und kommen erst im folgenden Frühjahr zum Vorschein. Schmetterlinge schlüpfen häufig in den frühen Morgenstunden.

Schwalbenschwänze befestigen ihre Gürtelpuppen mit Gespinstfäden an Pflanzen.

Vom Ei zum Schmetterling
Die Entwicklung von Schmetterlingen lässt sich leicht in geeigneten Aufzuchtbehältern beobachten. Solche Behälter können inklusive Schmetterlingseier im Fachhandel bezogen oder selbst gebaut werden (s. hierzu „Fangmethoden, Fallen und andere besondere Beobachtungsvorrichtungen" S. 171). Eier und Raupen sowie die entsprechenden Futterpflanzen kann man auch im Garten sammeln und in geeigneten Aufzuchtbehältern an einem hellen Ort ohne direkte Sonneneinstrahlung halten. Nachtaktive Falter lassen sich nicht so einfach bei der Eiablage beobachten. Hat man jedoch tagsüber Fraßspuren an Pflanzen ausgemacht, können nachts mit Taschenlampe die Raupen gesucht und ins Haus geholt werden.
Die geschlüpften Falter werden selbstverständlich im Garten freigelassen.

Der überwiegende Teil der Schmetterlinge überwintert als Raupe oder Puppe. Nur wenige Arten verbringen die kalte Jahreszeit als ausgewachsenes Insekt gut geschützt in hohlen Baumstämmen oder Gartenschuppen. Zitronenfalter beispielsweise können durch vor Frost schützende Stoffe in ihrem Blut Temperaturen bis −20 °C vertragen.
An sehr warmen Wintertagen kann man manchmal Schmetterlinge umherfliegen sehen, die kurzzeitig ihre Winterruhe unterbrechen. Die meisten anderen Schmetterlingsarten, die im Sommer und Herbst schlüpfen, entgehen frostreichen Wintern jedoch durch Wegzug in wärmere Gegenden. Distelfalter und Admiral z. B. wandern im Frühjahr aus ihren Lebensräumen in Südeuropa und Nordafrika nach Norden, verbringen bei uns den Sommer und pflanzen sich z. T. auch hier fort. Reicht die Zeit in nördlichen Gefilden zum Heranwachsen der Raupen und zur Puppenruhe, ziehen die erwachsenen Schmetterlinge dann im Herbst wieder nach Süden. Häufig ist der Sommer aber zu kurz für einen ganzen Zyklus, sodass die Schmetterlingsbestände nördlich der Alpen nur mit Zuzüglern aus dem Mittelmeerraum bestehen können.

Aus der Fülle von Schmetterlingsarten, die in Gärten vorkommen können, sind hier nur die bekanntesten bzw. stellvertretend für Familien oder Ordnungen stehende Arten aufgeführt. Zur genaueren Bestimmung von Tag- und Nachtfaltern wird der Kauf geeigneter Literatur unbedingt empfohlen.

Wanderungen der Schmetterlinge
Warum genau die Schmetterlinge wandern, ist nicht ganz klar, da die meisten Individuen nur bis zu elf Monate alt werden und sich somit entweder im Süden oder in den nördlicheren Lebensräumen vermehren. Die Schmetterlinge vieler Arten sterben nach der Paarung bzw. Eiablage, nur sehr wenige Arten wie z. B. Distelfalter starten den Wegzug nach Süden, den nicht alle Exemplare überleben. Trotzdem sind jedes Jahr vor allem von Mai bis Anfang Juni Massen über die Alpen nach Norden ziehender Schmetterlinge zu beobachten. Zu den wandernden, in Deutschland heimischen Faltern zählen u. a. Admiral, Distelfalter, Gammaeule und Ypsiloneule.

Distelfaltereinflug an der Nordküste Dänemarks Mitte Juni 2019.

Tagfalter

Weißlinge

Zahlreiche Arten weißer und gelber Schmetterlinge mit schwarzer Zeichnung. Puppen als Gürtelpuppen häufig an den Futterpflanzen.

Kohlweißling *Pieris brassicae*

Vorderflügel oberseits weiß mit schwarzen Flügelspitzen, beim Weibchen mit zwei schwarzen Punkten; Hinterflügel weiß bis gelb. Die gelbschwarzen, borstigen Raupen leben gesellig u.a. an Kohlarten, wilden Kreuzblütlern oder Kapuzinerkresse.

Aurorafalter *Anthocharis cardamines*

Vorderflügel weiß mit dunklen Spitzen und Flügelflecken, nur beim Männchen orange. Bevorzugen feuchtere Wiesen, kommen aber auch in Gärten mit heimischen Wildblumen und in Bauerngärten vor. Raupen oberseits weiß mit kurzen Borsten, unterseits grün, besonders auf Kreuzblütlern (Wiesenschaumkraut). ***Steht unter Naturschutz!***

Zitronenfalter *Gonepteryx rhamni*

Männchen leuchtend gelb, Weibchen wesentlich blasser, z.T. grünlich-gelb. Einer der ersten Schmetterlinge im Frühjahr. Durch einen körpereigenen Frostschutz sind die Tiere unempfindlicher gegen niedrigere Temperaturen als andere Arten. Die grünen Raupen fressen an Faulbaum und Kreuzdorn.

Edelfalter

Relativ große Schmetterlinge mit oberseits häufig sehr bunten Flügeln, Flügelunterseite meist tarnfarben. Viele Edelfalterarten überwintern als ausgewachsenes Insekt. Das vordere Beinpaar ist zu sogenannten Putzpfoten umgewandelt, sodass die Schmetterlinge nur vierfüßig erscheinen. Raupen meist mit dornigen Auswüchsen. Die häufig metallisch glänzenden Puppen hängen frei an den Futterpflanzen und anderen geeigneten Stellen.

Tagpfauenauge *Inachis io*
Mit den vier „Pfauenaugen" auf der Flügeloberseite wohl der bekannteste Tagfalter. Sehr häufig auf Sommerflieder. Schmetterling überwintert oft innerhalb von Gebäuden. Die schwarzen Raupen fressen ausschließlich Brennnesseln.

Distelfalter *Cynthia cardui*
Orange-braun-schwarzer Falter mit weißer Zeichnung auf den Spitzen der Vorderflügel. Namengebend an Disteln, aber auch sehr oft an Sommerflieder. Die dunklen, gelb gezeichneten Raupen fressen an Disteln und Kletten.

Admiral *Vanessa atalanta*
Schwarzer Falter mit orangeroten Flügelbinden und weißen „Schulterflecken", an verschiedenen Blüten und überreifem Obst. Raupen hellgelb mit dunkler Zeichnung, fressen an Nesseln.
Distelfalter und Admiral sind Wanderfalter (s. Kasten „Wanderungen der Schmetterlinge", S. 74).

Kleiner Fuchs *Aglais urtica*
Sehr bunter Schmetterling mit orange und gelben Flügeln mit dunklen Flecken auf den Vorderflügeln, Flügelränder blau gemustert. In blütenreichen Gärten häufig. Dunkle Raupen ausschließlich an Brennnessel.

Augenfalter

Mehrere Arten braun oder braun-oranger Schmetterlinge mit deutlichen Augenflecken im Bereich der Flügelkante. Vorderbeine wie bei Edelfaltern zu Putzpfoten reduziert. In Wiesen. Raupen meist grün oder schilffarben mit zwei Spitzen am Hinterende, fressen ausschließlich an Gräsern.

Ochsenauge *Maniola jurtina*
Hauptsächlich brauner Schmetterling mit orange unterlegtem dunklem Fleck auf den Vorderflügeln. Ochsenaugen leben in Mähwiesen, die regelmäßig geschnitten werden. Die Larven fressen an der Grasnarbe. Das Überleben des Bestandes wird dadurch sichergestellt, dass sich nicht alle Schmetterlingslarven dieser Art gleichzeitig entwickeln. Ein Teil der Nachkommen bleibt von der Mahd unbeeinflusst.

Bläulinge

Mehrere Arten relativ kleiner, nervös flatternder Schmetterlinge, bei denen die Männchen häufig sehr bunt, die Weibchen dagegen eher unauffällig gefärbt sind.

Hauhechel-Bläuling *Polyommatus icarus*
Flügeloberseite der Männchen leuchtend himmelblau gefärbt, mit violettem Schimmer, Flügelunterseite hell mit weiß unterlegten schwarzen Punkten und oranger Musterung an der Flügelkante. Flügel der Weibchen häufig braun, blau nur in der Körperbehaarung. Grüne Raupen an Hülsenfrüchtlern.

Alle Bläulingsarten stehen unter Naturschutz!

Nachtfalter

Minierer, Wickler und Zünsler

Viele unscheinbare, kleine Schmetterlingsarten haben besondere Lebensweisen entwickelt.
Die Raupen von Zwergmotten, winzigen Schmetterlingen, fressen zwischen den äußeren Blattwänden als sogenannte Minierer gut sichtbare Gänge und Minen in Blätter. Angehörige der Wickler-Familie sind als Falter so gut getarnt, dass sie meist erst beim Wegfliegen bemerkt werden. Ihre Raupen leben häufig in zusammengerollten oder gefalteten Blättern. Ebenso wenig wird man der vielen kleinen Zünslerarten gewahr, die kopfunter an Grashalmen sitzen. Bei diesen Schmetterlingen sind die Vorderflügel meist schmaler als die hinteren. Zünslerraupen leben in Gespinströhren oder mit Raupenseide zusammengesponnenen Blättern.

Federgeistchen

Anstelle durchgehender Flügel bestehen die Flügel aller Arten der Federgeistchen-Familie aus gefiederten Strahlen, die in Ruhestellung wie ein Fächer zusammengelegt und im rechten Winkel vom Körper gehalten werden. Die wohl bekannteste Art dieser Schmetterlingsfamilie ist das weiße, tatsächlich wie ein kleines Gespenst erscheinende **Feder- oder Schlehengeistchen** *Pterophorus pentadactyla* mit seinem langsamen Flug. Nachts wird das kleine Federgeistchen vom Licht angelockt und kann an Fensterscheiben beobachtet werden. Die grün-gelben Raupen leben in zusammengerollten Winden- und Kleeblättern.

Widderchen

Tagaktive „Nachtfalter" mit kontrastreich gefärbten Flügeln, häufig rot, blau und grün. Einzelne Arten kommen in vielen ähnlichen Rassen vor. Raupen meist hell grün-gelb mit dunkler Zeichnung und langen Borsten. Widderchen zeichnen sich durch geringe Fluchtdistanz aus und können gut beobachtet werden.

Alle Widderchenarten stehen unter Naturschutz!

Blutströpfchen, Sechsfleck-Widderchen
Zygaena filipendulae
Auf den dunklen, metallisch grün schillernden Vorderflügeln sechs rote Flecken, Hinterflügel rot, auf blumenreichen Wiesen; gelbe Raupen mit schwarzer Zeichnung an Klee und Wegerich. Verbringt manchmal zwei Winter im Raupenstadium.

Schwärmer

Zu den Schwärmern zählen die größten und buntesten der heimischen Nachtfalter. Die kräftigen Körper der gewandten Flieger mit den zugespitzten Flügeln sind häufig genauso farbenfroh gezeichnet wie die Flügel. In Ruhestellung werden die Flügel pfeilartig nach hinten gelegt. Schwärmer und „Schwärmerblüten" haben sich im Laufe der Evolution einander angepasst. Die von den fast ausnahmslos nachtaktiven Schwärmern besuchten Blüten sind gelb oder weiß und öffnen sich nur nachts, wie beispielsweise die Nachtkerze. Im Mondlicht leuchten die Blüten ultraviolett, einer Farbe, die von Schwärmern wahrgenommen werden kann. Viele dieser Pflanzenarten verströmen ihren Blütenduft erst nach Anbruch der Dämmerung, z.B. das Geißblatt. Die Blüten besitzen lange Kelche, aus denen die Schwärmer mit ebenfalls sehr langen Rüsseln Nektar saugen. Ihr schwebender Flug gleicht hierbei dem von Kolibris. In den einzelnen Blüten ist nur wenig Nektar vorhanden, was dazu führt, dass Nachtfalter viele Blüten besuchen und hierdurch bestäuben. Die „Reisezeit" zwischen den einzelnen Blüten ist durch eine Fluggeschwindigkeit von bis zu 50 Kilometern pro Stunde gering. Die häufig grellgrünen Raupen zeichnen sich durch einen nach hinten hochstehenden Dorn am Hinterende und schräg stehende Zeichnung an den Seiten aus.

Auf die Plätze – fertig – los!
Wie viele andere Insekten auch „heizen" Schwärmer ihre Flugmuskulatur an, bevor sie losfliegen. Die Muskeln werden sozusagen im Leerlauf auf Betriebstemperatur gebracht. Die pumpenden Bewegungen kann man bei Schwärmern besonders gut beobachten. Nach kurzem Pumpen werden die Flügel ausgebreitet und der Falter macht sich bereit zum Abflug.

Abendpfauenauge *Smerinthus ocellata*
Sehr großer Schwärmer mit 8 cm Flügelspannweite, Vorderflügel in verschiedenen Brauntönen wie marmoriert, Hinterflügel pink und orange mit auffälligem schwarz-blauem Auge. Bei drohender Gefahr zeigt der Falter die Augen auf den Hinterflügeln und vertreibt Angreifer durch Wippen des Hinterleibes. Grellgrüne Raupen häufig an Obstbäumen.

Ligusterschwärmer *Sphinx ligustri*
Mit 10 cm Spannweite größter heimischer Schwärmer, Flügel in verschiedenen Brauntönen mit dunkelbrauner Flügelkante und schwarzer Wellenzeichnung, Hinterleib rosa und schwarz quer gebändert mit braunem Längsstreifen. Grellgrüne Raupe auf Liguster, aber auch Flieder und Stechpalme.

Mittlerer Weinschwärmer *Deilephila elpenor*
Körper und Flügel farbenprächtig rosa und olivgrün, bei älteren Tieren verblasst das Grün zu Gelb, Hinterflügel rosa und schwarz. Schwarz-braune Raupen auf Weidenröschen und Labkraut. Leicht zu verwechseln mit dem **Kleinen Weinschwärmer** *Deilephila porcellus,* der gelber gefärbt ist mit weniger deutlichen Streifen auf den Flügeln, Hinterflügel gelb mit rosa Kante. Raupen braun, vor allem an Labkraut. Die Raupen der Weinschwärmer ziehen bei Bedrohung Kopf und Brust in den Körper. Die Tiere schwenken den kräftiger erscheinenden Körper bei Gefahr zur Abschreckung.

Abendpfauenauge und Ligusterschwärmer stehen unter Naturschutz!

Kolibris in deutschen Gärten?
Jedes Jahr zu Beginn des Sommers erreichen Naturschutzverbände Anrufe zu Sichtungen vermeintlicher Kolibris. Die kleinen farbenprächtigen Kolibris kamen in Deutschland zwar vor etwa 30 Millionen Jahren vor, wie Fossilienfunde belegen, heute ist ihr Vorkommen jedoch auf tropische Breiten beschränkt.
Die an Geranien im Balkonkasten beobachteten Tiere entpuppen sich bei genauerem Hinsehen als **Taubenschwänzchen** *Macroglossum stellatarum*. Taubenschwänzchen zählen zu den tagaktiven Schwärmern und sind durch einen relativ großen Körper, an dessen Hinterende ein zweigeteiltes Haarbüschel sitzt, leicht zu erkennen. Die Vorderflügel sind braun, die hinteren orange-gelb gefärbt. Taubenschwänzchen „stehen" vor Blüten in der Luft, während sie mit ihren langen Rüsseln Nektar saugen. Dieses kolibriähnliche Aussehen hat ihnen den Beinamen „Kolibrischwärmer" eingebracht. In summendem Flug „stehen" die Falter häufig auch sich sonnend vor senkrechten Flächen. Die grünen Raupen fressen an Labkraut. Taubenschwänzchen zählen zu den wandernden Falterarten (s. Kasten „Wanderungen der Schmetterlinge", S. 92) und sind in Gärten im Sommer überall anzutreffen.

Bärenspinner

Die nachtaktiven Bärenspinner sind meist auffällig kontrastreich gefärbt, um Fressfeinde vor ihrer Giftigkeit zu warnen. Namengebend ist die starke Behaarung der Raupen, die an niedrigen Kräutern wie Löwenzahn fressen.

Brauner Bär *Arctia caja*

Vorderflügel i.d.R. hell mit brauner Fleckung, Hinterflügel mit orange-gelb umrandeten dunkelblauen Punkten, die Färbung und Musterung kann bis hin zu einheitlich braunen Vorderflügeln und gelben, dunkel gefleckten Hinterflügeln variieren. In Gärten häufig.

Karminbär *Tyria jacobaeae*

Hauptsächlich nachtaktiver, aber auch tagsüber zu beobachtender Falter. Vorderflügel schwarz mit roter Vorderkante und zwei roten Flecken an der hinteren Kante, Hinterflügel rot. Zu verwechseln mit Blutströpfen und anderen Widderchenarten. Die auffällig gelb-schwarz gestreiften, mit Borstenbüscheln versehenen Raupen sind oft an Kreuzkraut zu finden.

Brauner Bär und Karminbär stehen unter Naturschutz!

Eulen

Die Schmetterlinge dieser sehr großen Familie sind meist sehr unauffällig gefärbt, besitzen in den stark gemusterten Vorderflügeln jedoch charakteristische punkt- oder nierenförmige Zeichnungen. Bei einigen Arten sind die in Ruhestellung von den Vorderflügeln verdeckten Hinterflügel bunter. Auf der Körperoberseite sitzen häufig je nach Art unterschiedlich geformte Haarbüschel. Eulen fliegen unruhig flatternd. Die unauffälligen Raupen einiger Arten werden im kommerziellen Pflanzenbau als Schädlinge betrachtet. Tagsüber leben die Raupen versteckt in den oberen Bodenschichten und kommen nachts an die Erdoberfläche, wo sie an den Stängeln von jungen Pflanzen fressen, die diesen Angriff meist nicht überstehen. Die glänzend braunen Puppen findet man oft beim Umgraben im Garten.

Hausmutter *Noctua pronuba*
Vorderflügel braungrau mit einem helleren Punkt und einem dunkelblauen Auge, Hinterflügel leuchtend gelb mit schwarzem Band an der Flügelkante. Insgesamt hellere Tiere sind Weibchen gegenüber dunkler gefärbten Männchen. Im Flug leuchten die gelben Hinterflügel, bei Verfolgung lassen sich die Falter zu Boden fallen und sind durch die Färbung der vorderen Flügel gut getarnt.

Gammaeule *Autographa gamma*
Grau-schwarz gefärbter, z.T. braun gemusterter Falter mit deutlichem Y- oder Gamma-Zeichen auf den Vorderflügeln. Haarbüschel auf der Körperoberseite. Tagsüber und nachts in Gärten an Blüten zu finden, wo die Tiere ähnlich wie Kolibris Nektar saugen. Die grünen Raupen ernähren sich von zahlreichen Pflanzen. Wanderfalter (s. Kasten „Wanderungen der Schmetterlinge", S. 92).

Spanner

Die Spanner bilden eine der größten Schmetterlingsfamilien weltweit. Namengebend ist die Fortbewegung der Raupen, die nur zwei Paar Bauchbeine besitzen (i.d.R. haben Raupen vier Bauchbeinpaare). Mit den echten Beinen, die am vorderen Körper sitzen, klammern sich die Tiere am Untergrund fest und ziehen dann den Hinterleib nach, sodass fast ein geschlossener Kreis entsteht. Nun wird wieder der vordere Körper ausgestreckt, die Beine suchen Halt und der Hinterkörper wird nachgezogen.

Lebende Ästchen
Die Raupen der Spanner haben ihre Tarnung perfektioniert. Nicht nur sind sie in ihrer Farbe dem Untergrund bestens angepasst, einige Arten imitieren sogar Teile ihrer Futterpflanzen in Gestalt und Haltung. Die Körper gehölzbewohnender Raupen beispielsweise sind mit kleinen Hautausstülpungen versehen, die Unebenheiten in der Borke nachahmen. Spannerraupen besitzen am Hinterleib nur zwei Bauchbeine, mit denen sie sich am Untergrund festhalten. Der vordere Körper wird schräg nach oben gestreckt und sieht einem kleinen Ast zum Verwechseln ähnlich.

Ockergelber Blattspanner, Löwenzahnspanner *Camptogramma bilineata*
Tagfliegender Falter mit deutlichen, gewellten weißen und dunklen Querlinien auf beige-braunem Grund. Die grünen oder braunen Raupen fressen an krautigen Pflanzen wie Löwenzahn und Ampfer, in Ruhestellung ähneln sie einem Fragezeichen. Überall häufig.

Birkenspanner *Biston betularia*
Schwarz-weiß gefleckte oder schwarze Falter mit bis zu 48 mm Spannweite. Fliegen den ganzen Sommer von Mai bis August. Raupen grünlich mit brauner Zeichnung, fressen an einer Vielzahl von Pflanzen, darunter Eiche, Birke und Linde, auch in Gärten.

Berühmtes Beispiel
Der Birkenspanner findet sich in vielen Biologiebüchern als Lehrbuchbeispiel zur Veranschaulichung von genetischer Anpassung, natürlicher Auslese (Selektion) und Evolution generell. Neben der normalen, schwarz-weiß gefleckten Form, die auf Birkenrinde gut getarnt ist, existiert vom Birkenspanner auch eine schwarze, melanistische Form. Letztere wurde zuerst Mitte des 19. Jahrhunderts in Industriegebieten vor allem in England festgestellt, wo sie auf verrußten Baumstämmen und Häuserwänden weniger auffiel und so eine höhere Chance hatte, Fressfeinden wie beispielsweise Vögeln zu entgehen. In Gebieten mit hoher Luftverschmutzung wurde die dunkle Form hierdurch immer häufiger. Als die Luftverschmutzung zurückging, verringerte sich auch die Häufigkeit der schwarzen Birkenspanner. Dieses auch bei anderen Nachtfaltern festgestellte Phänomen wird als Industriemelanismus bezeichnet.

Köcherfliegen

Das hervorstechendste und namengebende Merkmal der meisten Arten dieser Ordnung ist der Köcher, in dem die Larve im Wasser lebt. Je nach Köcherfliegenart werden diese kleinen, an beiden Enden offenen Röhren aus unterschiedlichsten Materialien gebaut, z.B. Sandkörnern, Ästchen oder winzigen Schneckenhäusern. Die Bauweise des Köchers gibt also Hinweise auf die Köcherfliegenart, wobei nahe verwandte Arten sehr ähnlich bauen können. Die einzelnen Teile werden durch Seide miteinander verklebt und der Köcher dem Wachstum der Larve angepasst. Der Köcher schützt die heranwachsenden Larven vor Fressfeinden. Die erwachsenen Köcherfliegen sind eher meist unscheinbar bräunlich gefärbt, ihre vier zarten Flügel sind fein behaart.

Köcherfliege und ihre Larven.

Zweiflügler

Wie der Name Zweiflügler vermuten lässt, besitzen Insekten dieser Ordnung nur zwei „richtige" Flügel. Die hinteren Flügel sind zu kleinen, keulenförmigen Gebilden, den sogenannten Schwingkölbchen umgewandelt, die bei Schnaken recht gut zu erkennen sind. Die wendigen Flugmanöver der Stubenfliege oder der schwebende Flug der Schwebfliegen werden erst durch diese Stabilisatoren ermöglicht. Weltweit sind über 100.000 Zweiflüglerarten bekannt, die je nach Art in allen Lebensräumen der Erde einschließlich der Polarregionen zu finden sind.
Alle Zweiflügler ernähren sich von Flüssigkeiten, von Nektar über unterschiedlichste Säfte bis hin zu Blut. Hierzu sind die Mundwerkzeuge entsprechend stechend-saugend oder z.B. wie ein Schwamm ausgebildet. Die Bestimmung von Zweiflüglern kann sehr verwirrend sein, Hauptbestimmungsmerkmale sind die Ausbildung der Fühler, Anzahl möglicher Punktaugen zusätzlich zu den sehr großen Komplexaugen sowie die Flügeladerung.
Zweiflügler entwickeln sich vom Ei über Larve und Puppe zum ausgewachsenen Insekt. Die Larven ernähren sich je nach Art von Pflanzen, räuberisch oder parasitisch.

Schnaken

Schnaken sind Mücken, die nicht stechen können. Sie saugen leicht erreichbare Flüssigkeiten wie Nektar oder auch Wasser, benötigen als erwachsene Tiere aber nur sehr wenig Nahrung. Auffällig sind vor allem die langen, leicht abbrechenden Beine, die den Tieren in England den Namen „Daddy-Longleg" [Väterchen Langbein] eingebracht haben. Neben den großen Vertretern wie Kohl- und Wiesenschnake gibt es auch viele kleinere Arten, die zur Paarungszeit z.T. große Schwärme „tanzender Mücken" bilden. Typisches Merkmal der Schnaken im Vergleich zu Stechmücken ist eine V-förmige Zeichnung auf der Oberseite der Brust.

Die großen Arten **Kohlschnake** *Tipula oleracea* und **Wiesenschnake** *Tipula paludosa* sind in Gärten häufig. Die Larven leben im Boden, wo sie sich von Wurzeln und anderen Pflanzenteilen ernähren. Auf Rasenflächen sind Larven und Puppen bei Vögeln beliebte Beute. Sind z. B. Stare häufiger beim Fressen auf dem Rasen zu beobachten, kann dies ein Hinweis auf das Vorkommen vieler Schnakenpuppen oder -larven sein. Schnaken fliegen von April bis Oktober, Kohlschnaken mit einer Hochzeit im Mai bis Juni, Wiesenschnaken hauptsächlich im Spätsommer.

Kohlschnake.

Wiesenschnake.

Stechmücken

Nicht alles, was nach Mücke aussieht, sticht auch den Menschen. Die stechenden Mücken, häufig auch Moskitos genannt, sind jedoch an ihrem deutlichen, nach vorne gerichteten langen Saugrüssel gut zu erkennen. Die Weibchen benötigen nach der Paarung Eiweiße, die sie aus Blut erhalten. Sonst ernähren sie sich wie die Männchen von Nektar. Unterscheiden lassen sich Männchen und Weibchen an den gefiederten Fühlern der Männchen. Eine Mücke, die am Kopf kleine Fächer trägt, sticht also nicht. Das typische, summende Fluggeräusch wird jedoch von beiden Geschlechtern verursacht. Da die meisten Mücken nachts umherwandern, kann dieser hohe Summton von Menschen als sehr störend empfunden werden.

Stechmücken legen ihre Eier zu mehreren Hundert in kleinen floßähnlichen Gebilden auf der Wasseroberfläche in Regentonnen und ähnlichen Wasserkörpern. Nach wenigen Tagen schlüpfen Larven mit extrem großem Kopf, die über eine Art Schnorchel an ihrem hinteren Ende atmen. Nach einigen Wochen wandeln sie sich zu j-förmigen Puppen, und je nach Wassertemperatur schlüpfen nach einigen Tagen die erwachsenen Mücken.

Warum juckt der Mückenstich?
Hat ein Mückenweibchen seinen Saugrüssel in die Haut gebohrt, so spritzt es zunächst Speichel in die Wunde. Mückenspeichel enthält Stoffe, die ein Gerinnen des Blutes und so ein Verstopfen des Saugrüssels verhindern. Das Abwehrsystem des gestochenen Menschen reagiert nun auf den Fremdkörper Mückenspeichel allergisch mit der Ausschüttung von Histamin, die Einstichstelle beginnt zu jucken, rötet sich und nicht selten entsteht eine Quaddel. Bei nicht überempfindlichen Menschen heilen solche Mückenstiche i.d.R. innerhalb eines Tages.

Innerhalb einzelner Mückenarten gibt es häufig Rassen, die Blut von unterschiedlichen Tieren saugen, manche gehen nur auf Menschen, andere z.B. nur auf Vögel. Manchmal müssen Mücken mehrmals Blut aufnehmen, hier ist dann die Gefahr der Übertragung von Krankheiten gegeben. Dazu muss die Mücke entsprechende Bakterien, Viren oder andere Erreger mit dem Blut aufnehmen, die dann in der Mücke überleben bzw. sich vermehren. Erst wenn die Mücke zum Wirt geworden ist, kann sie Krankheiten über den Speichel weitergeben. Ein typisches Beispiel hierfür sind Arten aus der Gattung der Fiebermücken *Anopheles* als Überträger von Malaria, die aber nicht in Deutschland vorkommen. Gebiete, in denen Mücken als Krankheitsüberträger fungieren, sind als Risikogebiete für die entsprechende Krankheit bekannt.

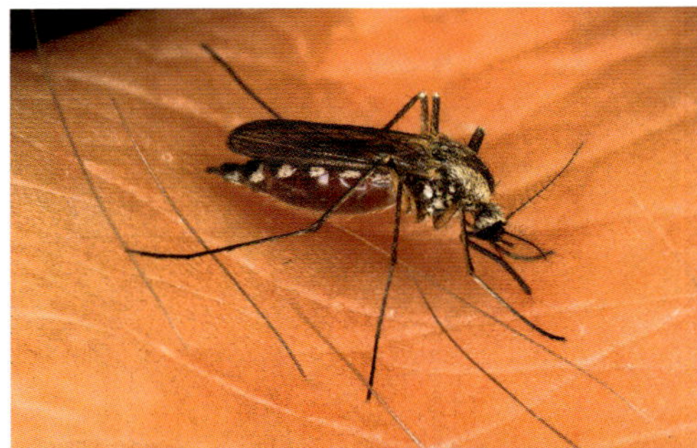
Die in Deutschland häufigste Stechmücke *Culex pipiens* wird auch als Hausmücke bezeichnet.

Wollschweber

Wegen ihrer meist braun behaarten Körper erinnern die Wollschweber in ihrem Aussehen an Hummeln und werden daher auch als Hummelfliegen bezeichnet. Durch ihre oft lang nach vorne gestreckten Saugrüssel sowie eine typische Beinstellung im Flug können Wollschweber gut von Hummeln unterschieden werden. Die vorderen beiden Beinpaare der Wollschweber sind nach vorne gestreckt, die Hinterbeine zeigen rückwärts nach oben. Wollschweber ernähren sich von Nektar und Pollen, die sie Kolibris gleich im Standflug aus den Blüten holen. Dabei verursachen die Flügel ein hohes summendes Geräusch. Ihre Eier legen Wollschweber in die Eier oder Larven anderer Insekten, häufig in die von solitären Wespen und Bienen. Die Wollschweber-Larven fressen während ihrer Entwicklung von der Wirtslarve (parasitische Lebensweise).

Großer Wollschweber, Hummelschweber
Bombylius major
Saugrüssel bis 7 mm lang; Flügel deutlich zweifarbig mit dunkler Flügelvorderkante.
Hummelschweber sind ab März häufig in Gärten zu beobachten.

Schwebfliegen

Oft erinnert das Aussehen der Schwebfliegen an dunkel und gelb gefärbte Wespen, Hummeln oder Bienen. Die Tiere täuschen mit dieser Warnfärbung eine Gefahr vor, die jedoch nicht besteht: Schwebfliegen besitzen keinen Stachel und können nicht stechen. Neben vielen verschiedenen Hinterleibsformen von rundlich über spitz zulaufend bis länglich decken auch die Färbungen und Muster der Körper eine breite Palette ab. Bei vielen Arten ist der Hinterleib behaart. Wichtigstes Bestimmungsmerkmal ist die Flügeladerung, eine Besonderheit hierbei ist eine „falsche" Aderkante, die bei allen Schwebfliegenarten in unterschiedlichen Ausbildungen parallel zum hinteren Flügelrand verläuft. Typisch ist der schwirrende, oft reißende Flug, der die Insekten in der Luft „stehen" lässt. Selbst die Paarung der Schwebfliegen findet fliegend statt. Schwebfliegen ernähren sich von Nektar. Die Mundwerkzeuge mancher Arten eignen sich zum Zerbeißen von Pollen, auch sind die Saugrüssel in ihrer Länge an unterschiedliche Blütenformen angepasst. Schwebfliegen gelten neben den Bienen als wichtigste Bestäuber.

Schwebfliegen zählen zu den bedeutendsten Blütenbestäubern.

Die Lebensweise der Schwebfliegenlarven ist sehr vielfältig, je nach Art sind sie als Räuber, Pflanzenfresser oder Fäulnisverwerter in unterschiedlichsten Lebensräumen unterwegs. Die Larven vieler Arten entwickeln sich in Wasser gefüllten Faulhöhlen in Bäumen, sogenannten Phytotelmen. Zum Nahrungsspektrum vieler Larven zählen auch Blattläuse, die meist nachts erbeutet werden.

Im Winter in den warmen Süden
Die Weibchen vieler Schwebfliegenarten wie beispielsweise der Hain-Schwebfliege, überwintern als ausgewachsenes Insekt. Um der kalten Witterung in nördlicheren Gebieten zu entgehen, ziehen die Tiere ähnlich den Zugvögeln im Herbst in wärmere Gegenden des Mittelmeerraumes und kehren im Frühjahr nach Norden zurück.

Johannisbeer-Schwebfliege *Syrphus ribesii*
Grün-schwarze, braun behaarte Brust, rautenförmiger Hinterleib mit grell gelber Zeichnung sehr ähnlich einer Wespe.

Johannisbeerschwebfliege.

Hain-Schwebfliege *Episyrphus balteatus*
Relativ schlank, mit breiteren und schmaleren Bändern auf dem Hinterleib. Eine der häufigsten Arten, die wegen ihres Fluges zur kalten Jahreszeit auch als Winterschwebfliege bekannt ist.
Die Larven der Johannisbeer- und der Hain-Schwebfliege sind erfolgreiche Blattlausjäger.

Hummelschwebfliege *Volucella bombylans*
Rundlicher, schwarz behaarter Körper mit rostroter Färbung am Hinterende, sehr ähnlich einer Steinhummel, oder gelb-schwarz mit weißem Hinterende wie eine Erdhummel. Legt die Eier in Hummelnester.

Mistbiene *Eristalis tenax*
Bienenähnliche Schwebfliege mit zwei gelben Dreiecken auf dem Hinterleib, die in der Färbung sehr unterschiedlich sein können. Die Larven leben in Schlamm und jauchigen Pfützen. Luft zum Atmen erhalten die Larven in solch sauerstoffarmen Kleinstgewässern durch ein sehr langes Atemrohr, das ihnen den Namen „Rattenschwanzlarven" eingebracht hat.

Gemeine Sumpfschwebfliege
Helophilus pendulus
Eine mehrerer ähnlicher Arten, die leicht an vier gelben Längsstreifen auf der Oberseite der Brust zu erkennen sind; bevorzugt feuchtes Gelände, kommt häufig aber auch in Gärten vor. Die Larven leben wie die der Mistbiene.

Fliegen

Gärten beherbergen mehr Fliegenarten als man meint. Hauptsächlich Schmeißfliegen als lästige Besucher am Grillfleisch, Kompost oder gar Mülleimer fallen auf. Je nach Art ernähren sich Fliegen von den Säften verrottender Tierkörper ebenso wie von Nektar und Pollen, sodass sie oft auf Blüten zu finden sind. Die Mundwerkzeuge der Fliegen sind zu schwammartigen Saugrüsseln umgewandelt, mit denen Flüssigkeiten aufgetupft werden. Ist die Nahrung zu trocken, wird Speichel zugefügt und der so aufgelöste Stoff aufgesaugt. Viele Arten legen ihre Eier in Dung oder gammelnde Nahrungsmittel und Fleisch, wo sich die Larven entwickeln. Da die Tiere nach der Eiablage auch wieder an durchaus noch genießbaren Lebensmitteln nach Nahrung suchen, können z. B. Typhus, Cholera und andere Krankheiten auf den Menschen übertragen werden. Die Larven der Fliegen werden als Maden bezeichnet, die i.d.R. keine Beine haben. Maden sind Abfallverwerter und leben vorwiegend von totpflanzlichem und tierischem Material.

Schmeißfliegen und Echte Fliegen sowie einzelne Arten innerhalb dieser Ordnungen sind oft sehr ähnlich und nur schwer an einigen wenigen Merkmalen wie z. B. der Behaarung zu bestimmen. Die meisten Fliegenarten haben rote Augen. Gemeinsam ist allen Fliegen ihre akrobatische Flugkunst: Sie können nicht nur an der Decke laufen, sondern auch rückwärts fliegen und kopfüber landen.

Die Fliege an der Decke

Neben besonderen Anziehungskräften zwischen Molekülen der Oberfläche und der Fliegenfüße haben Fliegen eine besondere Methode entwickelt, um an sehr glatten Oberflächen und auch kopfüber Halt zu finden. Fliegenfüße sind mit sehr feinen Haaren, den sogenannten Setae bedeckt, an deren Enden über einzigartige, winzige Lappen eine klebrige Flüssigkeit abgesondert wird. Der klebrige Flüssigkeitsfilm zwischen der Oberfläche und den Fliegenfüßen erzeugt eine extreme Haftwirkung.

Schmeißfliegen

Graue Fleischfliege *Sarcophaga carnaria*

Mit 15 mm Länge relativ große, stark behaarte Fliege mit schwarz-weißer Körperzeichnung. Auffällig sind die im Vergleich zu anderen Insekten besonders großen Füße. Die Weibchen sind häufig an Aas und Kadavern zu finden, wo sie Eier ablegen, aus denen sofort nach der Ablage die Maden schlüpfen. Selten innerhalb von Gebäuden.

Schmeißfliege *Calliphora vomitoria*
Im Gegensatz zur Fleischfliege ist die Schmeißfliege häufig auch in Häusern anzutreffen. Die Weibchen legen ihre Eier auf organischem Material. Die bei der Zersetzung freiwerdenden Gerüche locken die Fliegen an, sodass die Eier in Dunghaufen ebenso abgelegt werden wie in Fleisch oder Fisch selbst kurz vor der Zubereitung zum Verzehr durch Menschen.

Goldfliegen
Mehrere Arten metallisch grün-gold glänzender Arten, die wie andere Schmeißfliegenarten ihre Eier in faulendem Material ablegen. Manche Arten legen ihre Eier auch auf die Haut oder in Wunden von Wirbeltieren, die Maden dringen dann in das Bindegewebe ein und ernähren sich vom Fleisch des Wirtes. Die Maden der **Krötengoldfliege** *Lucilia bufonivora* beispielsweise schlüpfen auf der Haut von auf Erdkröten abgelegten Eiern aus und wandern über die Nasenlöcher ins Innere der Amphibien.

„Echte Fliegen"
Sehr ähnlich sehen sich auch die **Stubenfliege** *Musca domestica* (bis 8 mm groß) und **Kleine Stubenfliege** *Fannia canicularia* (bis 5 mm groß) mit ihren dunklen, beiderseits des Hinterleibes gelborange gezeichneten Körpern. Stubenfliegen sind weltweit in der Nähe des Menschen anzutreffen. Sie legen ihre Eier in verrottendem Material und sind häufig an Abfallhaufen und Kompost zu finden.

Stubenfliege.

Hautflügler

Zu den Hautflüglern zählen neben vielen weniger beachteten Artengruppen auch die bekannteren Wespen, Bienen und Ameisen. Hautflügler zeichnen sich durch zwei Paar häutiger Flügel aus, die durch Häkchen entlang der Vorderkante der hinteren Flügel miteinander verbunden sind. Oft sind die sehr viel kleineren Hinterflügel schwer zu erkennen. Anordnung, Größe und z.T. Färbung der Flügelzellen sowie die Form des oft nur auf einen Kragen reduzierten Halsschildes sind zur Bestimmung einzelner Arten wichtige Merkmale, auf die hier aber nicht näher eingegangen werden kann. Neben den typischen Komplexaugen der Insekten besitzen viele Hautflügler auch Punktaugen. Ihr Sehvermögen zusammen mit dem relativ großen, durch einen dünnen Hals sehr beweglichen Kopf ermöglicht den Hautflüglern eine große Zielgenauigkeit beim Anfliegen von Objekten. Viele Hautflüglerarten sind in der Lage, ultraviolettes Licht wahrzunehmen. Zahlreiche, für Menschen weiß erscheinende Blüten sind auch ultraviolett gefärbt, für Bienen und Hummeln scheint diese Farbe eine wichtige Rolle zu spielen. Hautflügler besitzen i.d.R. kauende Mundwerkzeuge, einige Arten, z.B. Bienen, haben zur Aufnahme flüssiger Nahrung wie Nektar zudem besonders lange, röhrenartige Lippen entwickelt.
Ganz allgemein werden die Hautflügler in zwei Unterordnungen eingeteilt: die Pflanzenwespen und die Taillenwespen. Letztere zeichnen sich durch die sogenannte Wespentaille aus, die keine eigentliche Taille, sondern eine Einschnürung im Bereich des Hinterleibes ist. Taillenwespen besitzen entweder einen Wehrstachel (soziale Faltenwespen, Bienen, einige Ameisenarten) oder einen Legestachel. Wenige solitäre Wespen benutzen ihren Stachel und Gift bei der Jagd. Da sich der Wehrstachel aus dem Legestachel entwickelt hat, können ggf. nur Weibchen stechen. Manche Arten leben parasitisch, d.h. sie ernähren sich – zumindest als Larven – von Pflanzen oder Tieren, die durch den Fraß geschädigt werden.

Gallwespen

Gallwespen legen ihre Eier im Gewebe von Pflanzen ab, das dann um die Eier herum wuchert und eine oder mehrere Brutkammern bildet. In den Gallen leben, verpuppen und überwintern die Larven gut geschützt. Die meisten der ameisenähnlichen kleinen Wespenarten mit der typischen schmalen Taille parasitieren an Eichen. Bei vielen Arten ist Generationswechsel die Regel, d.h. aus von Männchen befruchteten Eiern schlüpft eine ganze Generation ausschließlich weiblicher Gallwespen, aus deren Eiern dann wieder sowohl Weibchen als auch Männchen hervorgehen. Z.T. unterscheiden sich die Gallen der ein- und zweigeschlechtlichen Generation deutlich. Wenige Arten benötigen zur Fortpflanzung fast nie Männchen, so z.B. die **Rosengallwespe** *Diplolepis rosae*, die hauptsächlich an den Spitzen von Rosentrieben bis zu 5 cm große haarig wirkende Gallen anlegt.

Rosengallen beherbergen mehrere kleine Brutkammern.

An Blättern und Blüten hervorgerufene Gallen schaden der Pflanze nicht sonderlich, Gallen an Knospen oder Rinde können den Wuchs jedoch erheblich beeinträchtigen.

Dokumentenechte Tinte
Die in Galläpfeln enthaltenen Säuren Gallusgerbsäure (Tannin) und Gallussäure werden seit dem Mittelalter bei der Herstellung von dokumentenechter Tinte genutzt. Gibt man zum Absud getrockneter Galläpfel Eisensalze, so entstehen tiefdunkle Verbindungen, die als Tinte verwendet werden können. Innerhalb eines Tages nach dem Schreiben färbt sich die Tinte durch Oxidation des Eisens mit Luftsauerstoff richtig dunkel. Die zur Unterzeichnung wichtiger Dokumente und Staatsverträge verwendete Eisengallustinte muss amtliche Vorschriften für Urkundentinte erfüllen, so darf beispielsweise ein acht Tage alter Schriftzug auch nach dem Waschen mit Wasser und Alkohol nicht ausbleichen.

Gemeine Eichengallwespe *Cynips quercusfolii*
Bis 3 mm große schwarze Gallwespe, verursacht die bekannten bis 2 cm großen kugelförmigen Gebilde an der Unterseite von Eichenblättern, die Galläpfel. Um die Larve vor Bakterien und Pilzen zu schützen, erhöht sich der Anteil Gallsäure in den Galläpfeln auf bis zu 70 %. Zur Abwehr von Parasiten produziert die Galle zudem Zucker, der Ameisen anlockt. Die Ameisen wiederum verhindern, dass Schlupfwespen Eier in die Gallwespenlarven legen.

Schlupfwespen

Ebenso wie die Gallwespen leben auch Schlupfwespen parasitisch, wobei sie ihre Eier in andere Insekten und deren Entwicklungsstadien legen. Manche Arten nutzen als Wirte ihrerseits bereits Parasiten innerhalb von Pflanzen oder Tieren (Hyperparasitismus), so werden z. B. auch Gallwespen von Schlupfwespen befallen. Schlupfwespen werden häufig als nützlich angesehen, da sie als Wirte die Larven von als Schädlinge bezeichneten Insekten nutzen, so z. B. die Raupen mancher Schmetterlingsarten (Kohlweißling) oder wurzelfressender Käferlarven. Daher kommen Schlupfwespen auch in der biologischen Schädlingsbekämpfung zum Einsatz.

Schlupfwespe bei der Eiablage – deutlich ist der lange Legestachel zu sehen.

Ameisen

Eine Ameise erkennt wahrscheinlich jeder Gartenbesitzer, vor allem wenn die Tiere wie üblich zu mehreren auftreten. Aber Ameise ist nicht gleich Ameise. Von den über 12.000 weltweit bekannten Arten kommen in Europa etwa 180 vor, die meisten hiervon sind u. a. an den Unterschieden in der Taille, dem sogenannten Stielchenglied zu bestimmen, das bei manchen Arten ein-, bei anderen zweigliedrig ausgebildet ist.

Ameisen zählen zu den Staaten bildenden Insekten und leben in Kolonien mit einer oder mehreren Königinnen. Königinnen können bis zu zwanzig Jahre alt werden. Alle anderen Ameisen im Staat sind geschlechtsunreife, weibliche Nachkommen der Königinnen, die sogenannten Arbeiterinnen. Unter den Arbeiterinnen herrscht eine geordnete Aufgabenverteilung, wobei eine einzelne Ameise im Laufe ihres Lebens mehrere verschiedene „Jobs" erledigen kann. So gibt es Arbeiterinnen, die sich um den Transport der Eier und Larven in die klimatisch günstigsten Kammern des Baues kümmern, solche die Nahrung herbeischaffen, den Bau bewachen oder „Straßen" anlegen. Zur Verständigung dienen den Ameisen Duftstoffe, sogenannte Pheromone. Beispielsweise erkennen Ameisen über den kolonieeigenen Geruch Angehörige desselben Baus. Sie hinterlassen langanhaltende Duftspuren, denen andere Ameisen folgen können, oder versprühen schnell flüchtige Warnstoffe. Die Duftstoffe werden aus Drüsen am Ende des Hinterleibs abgegeben. Menschen nehmen die Düfte nicht wahr, allerdings erkennt man an der typischen Haltung der Ameise, bei der der Hinterleib ab dem Stielchen nach unten abgebogen wird, das dieses Tier wahrscheinlich gerade duftende Informationen weitergibt. Dieser Vorgang wird „Sterzeln" genannt. An dem bei allen Ameisen vorhandenen, aber oft zurückgebildeten Stachel sitzen Giftdrüsen, die u. a. die bekannte Ameisensäure verspritzen, deren Dämpfe für viele kleine Tiere wie Käfer und Raupen als Atemgift wirkt.

Duftstoffe spielen möglicherweise auch eine wichtige Rolle beim Hervorbringen neuer Königinnen und Männchen. Hat eine Königin ihren Staat gegründet und dieser eine bestimmte Größe erreicht, schlüpfen aus einigen Eiern geflügelte Jungköniginnen und Männchen. Im Sommer fliegen diese aus vielen Nestern gleichzeitig zum Hochzeitsflug aus, der über mehrere Tage verläuft. Viele der geflügelten Ameisen werden sofort von Vögeln und anderen Tieren gefressen, während die verbleibenden Männchen versuchen sich mit einer Königin zu paaren. Nach der Paarung sterben die Männchen. Die Königinnen suchen sich einen Platz zum Überwintern und verlieren ihre Flügel. Die nicht mehr benötigten Flugmuskeln dienen während der kalten Jahreszeit als Energiereserve. Im Frühjahr befruchten die in der Königin bewahrten Samen mehrere Tausend Eier, die die Königin im Laufe ihres Lebens legen wird. Wie die Königin genau steuert, ob sie ein Königinnen-, Männchen- oder Arbeiterinnen-Ei legt, ist noch nicht ganz verstanden.

Ameisenstraße

Das Phänomen der Ameisenstraße lässt sich leicht beobachten. Hierzu wird in einem „Ameisengebiet" eine besonders anziehende Futterquelle, beispielsweise ein Klecks süße Marmelade ausgebracht. Hat eine Ameise das Futter entdeckt, macht sie sich mit vollem Magen zurück zum Nest. Auf dem Weg dahin werden über Drüsen am Hinterleib Duftstoffe hinterlassen. Im Bau angekommen, begrüßt die Ameise ihre Artgenossinnen mit vielen Berührungen der Fühler und gibt Futterproben und Duftstoff weiter. Die so informierten Ameisen laufen auf genau demselben Weg zur Marmelade und wieder zurück wie die erste, wobei sie die Strecke wiederum mit Duftstoff markieren. Wird die Futterquelle kleiner, nimmt auch die Zahl der Duft hinterlassenden Ameisen ab, bis keine Ameisen mehr kommen und der restliche Duft verfliegt. Reibt man mit dem Finger quer zu einer Ameisenstraße und unterbricht so den Verlauf des Geruches, so sind die Ameisen zunächst verwirrt und laufen quer durcheinander – bis eine von ihnen die Spur wiederfindet und der geordnete Marsch fortgesetzt werden kann.

Beißen oder Stechen?
Alle Ameisen sind in der Lage, mit ihren kleinen, aber kräftigen Kiefern auch Menschen zu beißen. Besonders schmerzhaft kann ein Biss von Ameisen der Unterfamilie **Formicinae** sein, wenn in die Wunde auch noch Ameisensäure enthaltenes Gift gespritzt wird (z. B. *Lasius*- und *Formica*-Arten wie Schwarze Wegameise).
Nur einige in Deutschland vorkommende Arten der Unterfamilie **Myrmicine** benutzen zur Verteidigung ihren noch funktionsfähig vorhandenen Wehrstachel, mit dem sie ihr Gift, das keine Ameisensäure enthält, sondern eher dem Gift der Bienen ähnelt, direkt in die Haut bringen (*Myrmica*-Arten wie Rote Gartenameise).
Auch für Ameisen gilt, dass die Tiere sich nur verteidigen, wenn sie sich bedroht fühlen. Dies ist vor allem beim Eindringen oder Zerstören der Nester der Fall.

Der Hochzeitsflug der Gelben Wiesenameise dauert mehrere Tage.

Formicarium
Das organisierte Leben des Ameisenstaates findet i.d.R. unterirdisch statt, sodass auch der neugierigste Beobachter nicht allzu viel davon mitbekommt. Ein Formicarium, ein Terrarium für eine Ameisenkolonie, kann hier interessante Einblicke ermöglichen. Die Behälter und alle anderen benötigten Mittel hierzu können im Fachhandel bezogen werden, wo Ameisenarten auch als Haustiere angeboten werden. Wer neugierig ist, was sich unter seiner Terrasse so tut, kann den Ameisentrittstein der Firma Schwegler verwenden, und wer die im eigenen Garten vorkommenden Ameisen einmal aus der Nähe betrachten will, der kann sich hierzu selbst ein Formicarium bauen und eine Kolonie aus dem Garten einsetzen. Wichtig ist, dass möglichst eine Königin, auf jeden Fall aber Eier, Larven und ausreichend Arbeiterinnen darunter sind (s. „Fangmethoden, Fallen und andere besondere Beobachtungsvorrichtungen" S. 171). Zu beachten ist, dass einige Ameisen unter besonderem Schutz stehen und nicht einfach umgesetzt werden dürfen.
Näheres unter ***www.ameisenschutzwarte.de***.

Myrmekochorie
Viele in Ameisenlebensräumen, also meist auf trockeneren Standorten, verbreitete Pflanzen nutzen Ameisen zum Vertragen ihrer Samen. Hierzu produzieren die Pflanzen kleine nährstoffreiche Pakete, sogenannte Elaiosomen, die fest mit den Samen verbunden sind. Diese ölhaltigen Päckchen sind bei Ameisen zur Deckung ihres Bedarfs an pflanzlichen Eiweißen sehr begehrt, sodass sie bald entdeckt und ins Nest getragen werden. Oft bereits schon auf dem Weg zum Nest werden die Elaiosomen von den Ameisen gefressen und die übrig gebliebenen Samen liegen gelassen. Die Verbreitung von Pflanzensamen durch Ameisen nennt man Myrmekochorie. Beispiele hierfür sind Veilchen und Stiefmütterchen.

Ameisen sind Allesfresser und gefürchtete Räuber, die sich von allem ernähren, was sie auf ihren Beutezügen finden, z.B. tote Käfer oder mit Ameisensäure gelähmte Regenwürmer. Ameisen benötigen auch Stoffe aus pflanzlicher Nahrung, die sie aus Honigtau und über an Samen hängende Eiweißpakete beziehen (s. Kasten).

Pflanzliche Nahrung erhalten Ameisen auch in Form von Honigtau, den Ausscheidungen Pflanzensaft saugender Insekten. Um an die begehrte Süßigkeit zu kommen, „halten" sich Ameisen Blattlauskolonien und verteidigen diese gegen Marienkäfer- oder Florfliegenlarven, die sich von Blattläusen ernähren (s. auch „Blattläuse", S. 86). Die Ameisen „melken" ihre Blattläuse, schützen sie vor Kälte und Regen und vertragen sie z.T. an günstiger zum Nest gelegene Orte. Manche Arten wie die Gelbe Wiesenameise bauen ihre Nester um unterirdisch vorkommende Wurzellauskolonien herum und leben mit diesen in einer Symbiose, einer Form des Zusammenlebens, die für beide Partner vorteilhaft und nicht schädigend ist. Auch andere Tierarten bilden Lebensgemeinschaften mit Ameisen, so z.B. drei Viertel aller Schmetterlinge aus der Familie der Bläulinge, deren Raupen als Untermieter in Ameisennestern wohnen. Die Raupen der meisten Arten dienen den Ameisen ähnlich den Blattläusen als Honigtauquelle und werden dafür geschützt und z.T. auch wie die eigene Brut aufgezogen. Andere jedoch sind hierbei nicht von der friedlichen Sorte, sondern fressen Ameiseneier und -larven.

Die häufigsten Ameisenarten im Garten legen Erdnester mit unterirdischen Kammern und Gängen an. Da die Nester vor allem gegenüber Regen sehr anfällig sind, suchen sich die Ameisen zum Nestbau gut geschützte Stellen, z.B. unter Pflastersteinen, Steinen, Holzplanken oder am Fuß von Gebäuden. Erdnester sind häufig kuppelartig aufgeschüttet, da Kuppeln sich leichter als ebene Flächen erwärmen. Sie wirken wie Sonnenkollektoren und erhöhen die Aktivität der Kolonie.

Schwarze Wegameise, Schwarze Gartenameise
Lasius niger
Diese Ameisenart ist sehr anpassungsfähig und fast überall zu finden, auch in bebauten Gebieten.

Rote Gartenameise, Rotgelbe Knotenameise
Myrmica rubra
Die Nester dieser Art liegen an feuchteren und schattigeren Standorten. Ihre Kolonien beherbergen oft mehrere Königinnen.

Ausgestorbener Spezialist
Manche Bläulingsarten sind bei der Fortpflanzung so auf einzelne Ameisenarten spezialisiert, dass die Schmetterlinge ohne die Ameisen nicht bestehen können, wie das Beispiel des Quendel-Ameisenbläulings *Maculinea arion* zeigt. Die Larven dieses Schmetterlings leben in Nestern von Knotenameisen der Art *Myrmica sabuleti*. Die Ameisen kommen in meist durch Beweidung kurz gehaltenem Grasland vor, das aufgrund veränderter Bewirtschaftung und Viehhaltung immer weniger vorhanden ist. Die stark verringerte Anzahl der Nester von *Myrmica sabuleti* hatte letztendlich das Aussterben des Quendel-Ameisenbläulings beispielsweise in Großbritannien zur Folge.

Gelbe Wiesenameisen, Gelbe Wegameise
Lasius flavus
Die Ameisen leben fast ausschließlich unterirdisch im Nest und kommen selten an die Oberfläche. Die Erdnester werden bevorzugt in Wiesen angelegt und sind z.T. ganz mit Gras überwachsen. Sie ernähren sich vom Honigtau von Wurzelläusen.

Soziale Faltenwespen

Jedem Gartenbesitzer sind Wespen als Besucher am Kaffeetisch bekannt. Diese Echten Wespen zählen zusammen mit den Feldwespen zu den sozialen Faltenwespen. Im Aussehen sind die Echten Wespen den Feldwespen sehr ähnlich und leicht zu verwechseln. In ihrer Lebensweise zeigen sie allerdings deutliche Unterschiede, sodass man z.T. an den Nestern oder dem Verhalten der Wespen sehen kann, um welche Art es sich vermutlich handelt. Von den elf in Deutschland vorkommenden Echten Wespen bilden acht Arten Staaten, die übrigen drei Arten sind sogenannte Kuckuckswespen, die ihre Eier in die Nester anderer Wespenarten legen, wo der Nachwuchs dann mit aufgezogen wird.

Wespen, wie die Mittlere Wespe, bauen jedes Jahr neue Nester aus Papier.

Echte Wespen

Die Nester der Echten Wespen werden aus Papiermasse gebaut. Hierzu nagen die einzelnen Wespenarten an unterschiedlichen Hölzern, sodass die Nester dementsprechend verschiedene Färbungen aufweisen können. Mit Speichel vermischt entsteht ein Brei, aus dem die Wespen papierdünne Waben bauen. Wespenstaaten sind einjährig und werden jedes Frühjahr von jeweils neuen Königinnen gebildet. Standort und z.T. auch die Bauart unterscheiden sich je nach Art. Alle bestehen jedoch aus nach unten geöffneten, in mehreren Etagen übereinander hängenden Waben, die von einer schützenden und wärmenden, oft mehrschichtigen Papierhülle umgeben sind. Relativ kleine Nester ohne schützende Hülle stammen von Feldwespen. Bei den Echten Wespen unterscheidet man zwischen sogenannten Dunkelhöhlennistern und Freinistern. Nur die **Deutsche** und die **Gemeine Wespe** nisten in dunklen Hohlräumen wie Maulwurfsbauen oder Mauerspalten. Genau diese beiden Arten können dem Menschen mitunter sehr lästig werden, da sie auch an Nahrungsmitteln oder als Honigdiebe im Bienenstock zu finden sind. Die Nester von zwei weiteren, „nicht lästigen" Arten werden häufig in Siedlungsnähe angelegt, allerdings meist gut sichtbar innerhalb **(Sächsische Wespe)** oder außerhalb von Gebäuden **(Mittlere Wespe).** Die Lebensspanne der Sächsischen und Mittleren Wespe reicht nur vom Frühjahr bis September, dann sterben die Völker bis auf die Königin ab. Nach Mitte September anzutreffende Wespen sind i.d.R. Deutsche oder Gemeine Wespen.

Wespen ernähren sich hauptsächlich von Insekten, die sie häufig im Flug erbeuten, Nektar und manchmal auch anderen süßen Dingen wie Limonade, Konfitüre, Eiscreme oder Obst. Die Larven werden mit tierischer Nahrung aus unterschiedlichsten Quellen gefüttert.

Im Laufe ihrer Entwicklung hat sich der Legestachel der unfruchtbaren Weibchen (Arbeiterinnen) zum Wehrstachel entwickelt. Die auffällige gelb-schwarze Färbung der Wespen soll auf Gefahr hinweisen. Fast immer ist das Verhalten der Wespen vorhersehbar, Stiche sind daher weitgehend vermeidbar.

„Wespen-Regeln“
Wie alle Tiere verteidigen sich auch Wespen nur dann, wenn sie sich bedroht fühlen. Eine Wespe sticht sicher, sobald sie sich gefangen fühlt, beispielsweise in der Hand, verfangen in Kleidung oder im Mund, falls ein Tier beim Essen (Eislutscher, Lolli!) mit erwischt wurde. Frei umherfliegende, Nahrung suchende Wespen sind friedlich, solange sie nicht eingeklemmt oder festgehalten werden.
Im **Bereich des Nestes**, im Umkreis von etwa 2 bis 3 m (bei Hornissen 3 bis 4 m) wird eine Vielzahl von Störungen als Bedrohung aufgefasst und löst bei den Wespen angriffslustiges Verhalten aus. Hierzu zählen:
- Verstellen der Flugbahn
- Heftige Bewegungen
- Erschütterungen
- Schütteln, Herumstochern oder sonstige Beeinträchtigung des Nestes
- Anatmen oder Anpusten der Wespen; der höhere Kohlendioxidgehalt in der Atemluft veranlasst Wespen sich zu verteidigen.

Am sichersten ist es, ein Wespennest weiträumig zu umgehen.
Hat eine Wespe gestochen, spritzt sie auch Gift in die Wunde, das eine allergische Reaktion hervorruft und den Stich sehr schmerzhaft macht.

Das grimmige Aussehen der Wespen entsteht durch die nierenförmigen Augen. Einzelne Arten lassen sich an der schwarz-gelben Zeichnung der „Gesichter“ und Hinterleibe sowie z. T. an den relativ langen Fühlern unterscheiden.

Mittlere Wespe.

Deutsche Wespe.

Gemeine Wespe.

Hornisse *Vespa crabro*
„Sieben Hornissenstiche töten ein Pferd, drei einen Menschen" – über solche vermeintlichen Sprichwörter sind Hornissen bekannt, jedoch völlig zu unrecht. Unter den Echten Wespen sind Hornissen außerhalb des Nestbereiches die friedfertigsten und vermeiden den Kontakt mit Menschen. Gestochen werden Störenfriede i.d.R. von Bienen oder Wespen, nicht aber von Hornissen. Falls doch einmal eine Hornisse in Panik zusticht, z.B. wenn sie gequetscht wird, so ist der Stich aufgrund des höheren Phosphorgehaltes im Hornissengift schmerzhafter als der einer Wespe, jedoch genauso ungefährlich, außer bei den etwa 2% allergisch reagierenden Menschen. In der Nähe des Nestes verteidigen Hornissen wie alle Staaten bildenden Insekten ihre Königin und ihr Heim (s. „Wespen-Regeln").
Hornissen-Arbeiterinnen werden bis zu 25 mm groß, Königinnen bis zu 35 mm. Die Nester der größten unter den Echten Wespen werden in hohlen Baumstämmen, Nistkästen, Schornsteinen und ähnlichen natürlichen oder künstlichen Höhlungen angelegt. Dabei wird jedes Jahr der alte Standort wieder aufgesucht, dort jedoch ein neues Nest gebaut. Entgegen weitverbreiteter Meinung schaden Hornissen Bienenvölkern weit weniger als etwa die Gemeine oder die Deutsche Wespe, die zuweilen in Bienenstöcke eindringen, um an deren Vorräte zu gelangen.

Wichtige Tipps und Hinweise zu Nestern, Umsiedlung und Nisthilfen für Wespen, Hornissen sowie auch Hummeln und solitäre Bienen sind im Buch „Nisthilfen für Vögel und andere heimische Tiere" von Klaus Richarz und Martin Hormann, erschienen im AULA-Verlag, enthalten.

Feldwespen

Mehrere Arten, den Echten Wespen sehr ähnlich, der unbehaarte Hinterleib ist vor der Tailleneinschnürung jedoch deutlich länger. Das Nest der wesentlich kleineren Feldwespen hängt über einen kurzen Stiel in Pflanzen oder Gebäuden und ist immer ohne schützende Hülle.

Feldwespennest.

Bienen

Mit dem Begriff „Biene" verbinden die meisten Menschen die Staaten bildende Honigbiene *Apis mellifera*. Allgemein als Wildbienen werden die weitaus mehr Bienenarten bezeichnet, die solitär leben, d.h. jede einzelne Biene legt eigene kleine Nester für ihre Brut an. Diese sind häufig röhrenförmig mit mehreren hintereinander liegenden Brutzellen. In jeder Brutzelle wird ein Nahrungsvorrat aus Nektar und Pollen untergebracht und darauf ein Ei gelegt. Nachdem eine so gefüllte Zelle verschlossen ist, wird davor die nächste gebaut. Der Futtervorrat reicht der Larve bis zur Überwinterung. Im Frühjahr schlüpfen dann Weibchen und Männchen. Je nach Art werden die Nester in hohlen Pflanzenstängeln, Mauerritzen oder Gängen im Erdboden angelegt. Viele solitäre Bienenarten, auch Einsiedlerbienen genannt, sind in ihrem Bestand gefährdet. Neben fehlenden nektarhaltigen Blütenpflanzen sind oft auch keine geeigneten Brutplätze vorhanden. Im Kapitel „Wirbellosenfreundlicher Garten" (s. S. 30) werden Vorschläge zur Verbesserung der Gartenstrukturen und zu Nisthilfen für Wildbienen gemacht.

Alle Wildbienen stehen unter Naturschutz!

Biene oder Schwebfliege?
Im Gegensatz zu allen Bienen und Hummeln besitzen die oft sehr ähnlich gefärbten Schwebfliegen keine typische Wespentaille. Die Augen der Schwebfliegen sind sehr groß und stoßen bei vielen Arten in der Kopfmitte aneinander. Bienen und Hummeln haben deutliche, relativ lange Fühler, die der Schwebfliegen sind sehr kurz.

Sandbienen

Sandbienen legen ihre Nester in grabfähigem, meist sandigem Boden an und bevorzugen trockene, warme Lebensräume. In Gärten sind sie manchmal in trockenem, schütterem Rasen oder auf unverbauten Wegen zu finden. Oftmals liegen mehrere Nester verschiedener Weibchen nah beieinander (Nestaggregationen). Von den über 100 in Deutschland vorkommenden Arten haben sich einige auf bestimmte Pflanzen spezialisiert und suchen Nektar und Pollen ausschließlich z. B. an Weiden, Dolden- oder Schmetterlingsblütlern.

Kleine Burgen
Löcher in schütterem Rasen oder in unbewachsenem Boden, die von einem kleinen Wall aus Erdaushub umgeben sind, wurden vermutlich von Sandbienen, z. B. der Rotpelzigen Sandbiene gebaut. Im Sommer graben Sandbienen bis zu 30 cm tiefe Röhren, von denen Brutzellen abzweigen. In jede Brutzelle werden Nektar, Pollen und jeweils ein Ei gelegt. Nach wenigen Tagen schlüpfen die Larven, die als Puppen überwintern. Im folgenden Frühjahr kommen sie dann an die Erdoberfläche und können beim Ausfliegen beobachtet werden.

Rotpelzige Sandbiene *Andrena fulva*
Weibchen bis 12 mm lang, oberseits rostrot behaart, Unterseite schwarz; Männchen etwas kleiner und schmaler, schwarz; im Frühjahr an Johannisbeerblüten. Weibchen legen im Rasen und an kahlen Bodenstellen Brutröhren an, häufig sind bis zu 100 Nester nahe beieinander zu finden. Bei entsprechenden Nistmöglichkeiten auch in Gärten.

Furchenbienen

Furchenbienen bauen ihre Nester ebenfalls im Erdboden, unterscheiden sich je nach Art aber in ihrer Lebensweise deutlich von anderen Einsiedlerbienen. Neben dem typischen solitären Brutverhalten werden Nester mancher Arten von mehreren Weibchen gemeinsam genutzt oder sogar gemeinsam, z.T. mit Aufgabenverteilung (Nestwache), versorgt. Als weitere Besonderheit schlüpfen die erwachsenen Furchenbienen schon im Sommer des ersten Jahres, anstatt als Larven zu überwintern. Die Männchen sterben im Herbst, die befruchteten Weibchen suchen sich für die kalte Jahreszeit geeignete Erdlöcher und beginnen im Frühjahr sofort mit dem Brutgeschäft.

Gemeine Furchenbiene *Lasioglossum calceatum*
Eine von mehreren sehr ähnlichen Arten, dunkel mit rötlicher Zeichnung am Hinterleib; nistet häufig in Steilwänden, stellt jedoch an den Lebensraum keine besonderen Ansprüche. Nachdem eine Nestgründerin die ersten Eier gelegt hat, schlüpfen sogenannte Sommerweibchen, die bei der Pflege der zweiten Brut durch Herantragen von Proviant für die Waben und später für die geschlüpften Larven sowie beim Bewachen des Nesteinganges helfen. Aus der zweiten Brut schlüpfen dann Weibchen und Männchen, die verpaarten Weibchen überwintern. In kühleren Gebieten, in denen bei kurzen Sommern nicht genügend Zeit zur Entwicklung einer Arbeiterinnenbrut gegeben ist, beschränkt sich die Gemeine Furchenbiene auf einsiedlerische Lebensweise.

Mauerbienen

Der Name Mauerbiene kommt vermutlich daher, dass viele Arten dieser Gattung ihre Nester in Löchern, Ritzen und ähnlichen Hohlräumen in Mauern und Gesteinshaufen anlegen. Daneben werden von einigen Mauerbienenarten jedoch auch hohle Pflanzenstängel oder Löcher im Erdboden besiedelt. Vielleicht haben diese solitären Bienen ihren Namen aber auch aufgrund der Tatsache, dass die bekanntesten und häufigsten Arten ihre Brutzellen mit selbst hergestelltem Mörtel aus Sand, Lehm und Speichel verschließen. Mauerbienen sammeln und tragen Pollen in den Haaren auf der Bauchunterseite, der sogenannten Bauchbürste. In der Brutzelle schiebt die Biene den Pollen mit ihrem Kopf ans hintere Ende, legt ein Ei und verschließt die Zelle mit Mörtel. Der Bau einer kompletten Brutzelle dauert etwa einen Tag.

Gehörnte Mauerbiene *Osmia cornuta*
Relativ große (bis zu 16 mm) tiefschwarze Wildbiene mit rostrotem Hinterleib; dicht behaart, bei den Männchen weiße Gesichtsbehaarung. Die Weibchen tragen vorne am Kopf zwei kleine Hörner, die im dichten Pelz aber schwer zu erkennen sind. Eine der ersten im Frühjahr fliegenden Bienen, daher oft in Gärten und Parkanlagen mit vielen Frühjahrsblühern zu finden. Gehörnte Mauerbienen kommen in allen Lebensräumen mit ausreichend Blüten und Niststandorten vor. Sie nisten in unterschiedlichsten Hohlräumen, sofern die Größe passt. Im Gegensatz zu vielen anderen Wildbienen hat die Gehörnte Mauerbiene bisher keine Bestandseinbußen gezeigt.

Rote Mauerbiene *Osmia bicornis (früher O. rufa)*
Häufigste Mauerbiene, relativ rundes stumpfes Hinterleibsende, ähnlich einer Hummel; stark behaart, rot-braun, z.T. gestreift gefärbt mit hellen Haaren auf der Brust. Auch die Weibchen der Roten Mauerbiene tragen kleine Hörner, Männchen wie Gehörnte Mauerbiene mit weißem Gesicht. In der Lebensweise der Gehörnten Mauerbiene sehr ähnlich, nimmt künstliche Nisthilfen sehr gut an.

Holzbiene *Xylocopa violacea*
Mit über 20 mm Körperlänge größte in Deutschland vorkommende Biene, allerdings auf wärmere Gegenden beschränkt. Pechschwarz, Körperoberseite unbehaart und glänzend, mit bläulichen Flügeln, aufgrund von Größe und Färbung unverwechselbar. Der Pollen wird nicht in Sammeleinrichtungen am Körper, sondern im Kropf transportiert. Holzbienen legen ihre Nester mit mehreren Brutgängen in totem, nicht mehr zu hartem Holz an, die Wände zwischen den Brutzellen werden aus Holzmulm gebaut.

Staatenbildende Bienen

Honigbiene *Apis mellifera*

Etwa 12 mm große braune Biene mit hellgelber Behaarung, Königinnen mit deutlich größerem Hinterleib, Männchen (Drohnen) runder mit größeren Augen.

Die Honigbiene ist "die" Staaten bildende Biene. Vom Menschen gehaltene Rassen sind mittlerweile auf der ganzen Welt verbreitet, nach wie vor gibt es aber auch noch wildlebende Honigbienen, die ihre Nester z. B. in hohlen Bäumen anlegen. Diese Baue bestehen wie die der Hausbienen aus senkrecht hängenden Wachswaben mit Hunderten sechseckiger Zellen. Je nach Lage im Stock werden in diese Waben die Eier gelegt oder Vorräte aus Pollen und zu Honig verarbeitetem Nektar gelagert. Zum Bau der Waben schwitzen die Bienen aus Wachsdrüsen am Hinterleib kleine, zunächst weiße Wachsplättchen, die sie zu sechseckigen Zellen formen. Die gelbe Färbung erhalten die Waben durch Zugabe von Pollen zum Wachs.

An Wasserstellen lassen sich Bienen beim Trinken beobachten.

Honigbienen ernähren sich von Nektar als Energie- und Pollen als Eiweißlieferant.

Zur Aufzucht der Brut wird Pollen in Haarbürsten an den verbreiterten Schienen der Hinterbeine, den „Körbchen" gesammelt und so zum Nest getragen. Je nach Art der besuchten Blüten unterscheiden sich die Pollenkörbchen in ihrer Farbe. Nektar gelangt zunächst in den Honigmagen der Biene und wird im Stock an die fütternden Bienen weitergegeben. Im Honigmagen verändern Enzyme den Nektar. Überschüssiger Nektar wird in Vorratswaben eingelagert. Dabei wird Wasser entzogen und es entsteht der bekannte, süße, sirupähnliche Honig. Im Winter oder bei langanhaltender schlechter Witterung wird auf die Vorräte zurückgegriffen. Der Honig muss jedoch erst wieder mit Wasser aufbereitet werden. Das Wasser erhalten die Bienen aus ihrem eigenen Stoffwechsel oder es wird im Honigmagen von außerhalb des Stockes herangebracht. Pollen wird durch Zugabe von Speichel und darin enthaltenen Stoffen zu sogenanntem Bienenbrot (Perga), das weniger schnell als frischer Pollen verdirbt und als Nahrung der im Stock lebenden Arbeiterinnen und der Brut dient.

Deutlich ist das Pollenkörbchen am Hinterbein der Biene zu erkennen.

Bienenstaaten mit bis zu 60.000 Tieren sind mehrjährig und bestehen i.d.R. so lange, wie eine Königin darin lebt, wobei die Lebensspanne einzelner Bienen wesentlich kürzer ist. Alle Bienen außer der Königin sind Weibchen, die aber keine Eier legen. Diese Arbeiterinnen verrichten unterschiedliche Aufgaben, die mit dem Älterwerden wechseln, z. B. Versorgung der Königin und der Brut, Bau der Waben, Sauberhalten des Stockes, Wachdienste, Sammeln von Nektar und Pollen oder Auskundschaften geeigneter Nahrungsquellen. Männchen leben im späten Frühjahr und Sommer zur Schwarmzeit im Stock oder wenn die Königin alt wird und über Duftstoffe das Entstehen neuer Königinnen steuert. Auf dieses Signal hin werden etwas größere Königinnenwaben gebaut und deren Maden nur mit einem besonderen Nahrungssaft, dem sogenannten Gelee Royal gefüttert. „Normale" Bienenmaden erhalten diesen Futtersaft nur während der ersten drei Tage, danach werden sie auf Nektar und Pollen umgestellt. Die Männchen (Drohnen) entstehen aus unbefruchteten Eiern. Wenige Tage nach dem Schlupf fliegen die Jungköniginnen zum Hochzeitsflug und paaren sich mit mehreren Männchen. Verpaarte Männchen sterben, die übrigen werden einige Zeit später in der sogenannten Drohnenschlacht von den Arbeiterinnen aus dem Stock vertrieben. Die begatteten Königinnen lösen entweder eine alte Königin ab oder bilden neue Völker. Hierzu verlässt die Jungkönigin ihren Geburtsstock, wobei sie von einem Teil des vorhandenen Bienenstaates begleitet wird, die Bienen „schwärmen". Während Spurbienen nach einem Unterschlupf für den neuen Staat suchen, bildet die Königin mit ihren Arbeiterinnen, die sie eng umgeben, die Schwarmtraube und wartet gut geschützt beispielsweise in einem Baum. Das laute Summen schwärmender Bienen klingt beunruhigend und ist oft schon zu hören, bevor die Traube in Sicht kommt. Dabei sind die Bienen jedoch völlig ungefährlich. Bienenzüchter wissen das Schwärmen zur Staatenneugründung und damit zu Vermehrung meist rechtzeitig zu unterbinden. Im seltenen Fall eines ganzen Bienenschwarmes im Garten sollte man einen Imker verständigen, der dann die Bienen leicht und gefahrlos einfängt.

Bienenarbeiterinnen besitzen ebenso wie die Arbeiterinnen der Wespen einen Wehrstachel, der bei Bedrohung in Kombination mit Gift eingesetzt wird. Bienenstachel sind jedoch mit einem kleinen Widerhaken versehen. Wenn die Biene in weiche Haut gestochen hat, bleibt der Stachel in der Wunde stecken und wird zusammen mit einem Teil des Hinterleibes abgerissen und die Biene stirbt. Aus diesem Grund sind Bienen weniger wehrhaft als Wespen und stellen bei richtigem Verhalten der Menschen keine Gefahr dar (s. Kasten „Wespen-Regeln", S. 116). Bei der Verteidigung gegen andere Insekten wird der Widerhaken des Stachels der Biene nicht zum Verhängnis.

Honig

Höhlenzeichnungen belegen, dass schon in der Steinzeit Honig als Süßstoff genutzt wurde. Zum Haustier machte man Bienen wahrscheinlich vor etwa 9000 Jahren. Seither wurde Honig unter anderem als „Speise der Götter" mitunter hoch gehandelt, müssen doch für einen Teelöffel Honig etwa 150 Bienen einen Tag lang fleißig Nektar sammeln!

Honig enthält verschiedene Zuckerarten sowie Wasser, Pollen, Mineralstoffe, Proteine, Enzyme, Aminosäuren, Vitamine, Farb- und Aromastoffe.

Bienen nutzen nicht nur Nektar, sondern auch den sogenannten Honigtau als Nahrung. Unter Honigtau versteht man die Ausscheidungen Pflanzensaft saugender Insekten wie z. B. Blatt- und Rindenläuse. Vom Zuckergehalt des Pflanzensaftes wird nur eine geringe Menge von den Läusen genutzt, der Rest wird ausgeschieden und von Bienen oder Ameisen weiterverwertet (s. auch „Ameisen" S. 111).

Je nachdem aus welcher Quelle Nektar und Honigtau verarbeitet wurden, kann Honig unterschiedlich schmecken. Oft wird Honig auch nach der Tracht, d.h. den zurzeit blühenden Nektarpflanzen, die bevorzugt von den Bienen aufgesucht werden, benannt, z. B. Rapshonig, Kleehonig oder Akazienhonig. Honig aus Honigtau wird als Waldhonig oder Tannenhonig bezeichnet.

Neben Honig werden auch Bienenwachs, Gelee Royal, Pollen und Propolis, eine Art antiseptischer Kitt, den die Bienen zum Abdichten der Waben und Stopfen von Löchern verwenden, vom Menschen genutzt.

Bienenpfeifen

Um Hilfe herbeizuholen, setzen Bienen zeitgleich mit dem Stechen Duftstoffe frei, die auf andere Bienen eine alarmierende Wirkung haben. Mit diesen Alarmpheromonen werden auch die Opfer gekennzeichnet. Imker benutzen in der Nähe der Bienenstöcke rauchende Bienenpfeifen, um die bieneneigenen Duftstoffe zu überlagern. Mittlerweile werden Bienenpfeifen jedoch häufig nur zur Sicherheit eingesetzt, da die heutzutage gehaltenen Bienenrassen sich durch sehr geringe Angriffslust auszeichnen.

Seit mehreren Tausend Jahren werden Bienen vom Menschen als Haustiere gehalten.

Bienen und Blüten

Sobald eine Biene die Ergiebigkeit einer Blütenart festgestellt hat, werden nur Blüten dieser einen Pflanzenart (z.B. Raps-, Apfel- oder Kleeblüten) angeflogen, bis diese Nektarquelle erschöpft ist. Während Bienen und andere Bestäuber versuchen, an den begehrten Nektar zu gelangen, streifen die Insektenkörper entlang der Staubgefäße. Pollen bleibt an ihnen hängen, wird so zur nächsten Blüte getragen und diese bestäubt. So lange die Blüten einer Pflanzenart noch Nektar enthalten, besuchen Bienen immer die gleichen Blüten. Durch diese Blütenstetigkeit wird gewährleistet, dass möglichst viele Blüten von an den Bienen hängendem Pollen befruchtet werden. Bienen sehen keine rote Farbe, dafür aber Ultraviolett. Viele Blüten, die Menschen als rot, weiß und violett gefärbt bezeichnen, werden von Bienen ultraviolett wahrgenommen und erscheinen zudem besonders anziehend.

Der Tanz der Bienen

Hat eine Biene eine sehr vielversprechende Nahrungsquelle entdeckt, so teilt sie ihren Kolleginnen im Bienenstock über einen Tanz die Richtung, Entfernung, Art und Ergiebigkeit der Futterquelle mit. Über schlängelnde Bewegungen entlang einer Geraden wird der Winkel der Nahrungsquelle zur Sonne angezeigt, die Länge und Schnelligkeit des Tanzes geben Auskunft über die Entfernung und die Futtermenge. Während des Tanzes gibt die entsprechende Biene den Duft der Blüten sowie Kostproben des mitgebrachten Nektars an andere Bienen weiter. Häufig sind sogenannte Spurbienen auf der Suche nach Nahrungsquellen unterwegs.

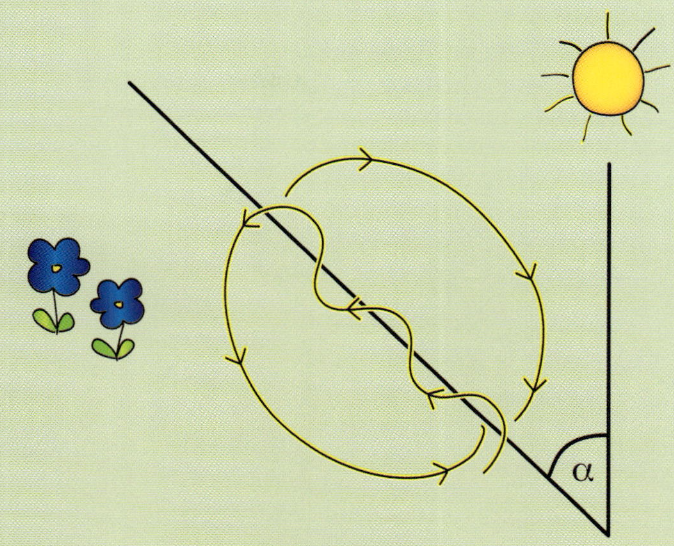

Hummeln

Hummeln sind Staaten bildende Bienen und innerhalb der Bienenfamilie zu einer eigenen Gattung zusammengefasst. Sie sind sehr eng mit der Honigbiene verwandt. Im Gegensatz zu den mehrjährigen Staaten der Honigbiene überdauern die der Hummeln jeweils nur einen Sommer. Hummelköniginnen – am leicht zugespitzten Hinterleib zu erkennen – sind mit die ersten Insekten in Gärten im Frühjahr, wenn sie auf der Suche nach geeigneten Hohlräumen für ihre Nester langsam nahe dem Erdboden umherfliegen. Vor allem deshalb, aber auch durch ihre relativ große, kugelige, pelzige Gestalt und wegen ihres Summens und Brummens fallen sie besonders auf. Der dichte Pelz hält die Hummeln auch bei niedrigeren Temperaturen warm genug um aktiv zu sein. Schon ab einer Lufttemperatur von 2 °C sind die Hummelköniginnen unterwegs. Für ihr Nest sucht die Hummelkönigin einen trockenen, bereits mit weichem Material wie z. B. Laub, Moos und Tierhaaren gefüllten Hohlraum. Häufig sind Mauselöcher geeignet, die die Hummelkönigin über die ultraviolett reflektierenden Spuren des Mäuseurins ausfindig machen kann. Auch künstliche Nistmöglichkeiten werden angenommen (s. S. 157???). Die Königin zerbeißt das vorhandene trockene Material und formt daraus eine Kugel. Im Inneren werden mehrere Zellen aus Wachs gefertigt. Diese sind nicht wie bei den Bienen sechseckig, sondern ähneln kleinen Tönnchen. Zunächst legt die Hummel einen Honigvorrat für sich selbst an, anschließend werden Brutzellen gebaut, in die sie auf das sogenannte Bienenbrot ihre Eier legt. Als Bienenbrot (Perga) wird Pollen bezeichnet, den die Hummel durch Zugabe von Speichel und die darin enthaltenen Stoffe haltbar gemacht hat. Hummeln besitzen die Fähigkeit, durch Flügelbewegungen sozusagen im Leerlauf Wärme zu erzeugen und so ihre Eier in den unterirdischen Nestern zu „bebrüten". Bis die ersten Arbeiterinnen geschlüpft sind, fliegt die Hummelkönigin noch selbst auf der Suche nach Nektar und Pollen umher. Erst nachdem die erste Generation Arbeiterinnen unterwegs und eine Aufgabenverteilung im Hummelstaat möglich ist, legt die Königin nur noch Eier und versorgt die Brut, während die

Arbeiterinnen Nahrung herbeischaffen. Hummeln sammeln Pollen wie die Honigbienen an ihren Beinen, deren Schienen zu sogenannten Körbchen umgebildet sind. Die Pollenpakete werden auch „Höschen" genannt.
Im Hochsommer schlüpfen neben Arbeiterinnen auch Drohnen und Jungköniginnen, die zum Hochzeitsflug ausfliegen und nicht wieder ins eigene Nest zurückkehren. Später im Jahr hört die Königin auf Eier zu legen und stirbt ebenso wie alle anderen verbliebenen Hummeln. Die befruchteten Jungköniginnen überwintern gut geschützt und bilden im kommenden Frühjahr neue Kolonien.

Bei Hummeln überlebt nur die Königin den Winter. Jedes Jahr werden neue Staaten gegründet.

„Hummeln & Co. GmbH"
Ohne Wespen, Bienen, Hummeln, Schwebfliegen und viele andere Insekten wäre das Überleben der Menschheit gefährdet, die Lebensmittelproduktion würde zusammenbrechen. Da Hummeln auch bei „schlechtem" Wetter ohne Sonnenschein fliegen, sind sie bei der Bestäubung von Kulturpflanzen unverzichtbar. In kommerziellen Gärtnereien und im Gemüseanbau werden Hummeln sogar in Gewächshäusern ausgesetzt bzw. regelrecht gehalten, um die Blüten zu bestäuben und eine gute Ernte zu garantieren.

Stechen Hummeln?
Hummeln gehören zu den Bienen und können wie diese stechen, wenn sie sich bedroht fühlen, beispielsweise wenn sie gequetscht werden oder der Eingang zum Nest blockiert oder gar das Nest geöffnet wird. Die sonst sehr friedfertigen Hummeln warnen jedoch vermeintliche Angreifer, indem sie zunächst ein mittleres Bein in Richtung der Bedrohung anheben. Eine wesentlich deutlichere Warnung geht von einer laut brummenden Hummel aus, die sich auf den Rücken dreht und dem Angreifer ihren Stachel entgegenstreckt. Zeigt eine Hummel dieses Verhalten, sollte man sie in Ruhe lassen.
Hummelstiche sind weniger schmerzhaft als Bienen- oder Wespenstiche. Die Stacheln der Hummeln besitzen keine Widerhaken.

Hummeln lassen sich an der Färbung ihrer Körper und der Streifen erkennen, können aber regional leicht abweichend gefärbt sein, was die Bestimmung erschwert.

Gartenhummel *Bombus hortorum*
In Gärten sehr häufige Hummel mit gelb-schwarz-gelb behaarter Brust und gelb-schwarz-weiß behaartem Hinterleib. Arbeiterinnen sind bis 16 mm, Königinnen bis 26 mm lang. Gartenhummeln nisten oberirdisch oder nahe unter der Erdoberfläche und bilden Staaten von 50 bis 100 Arbeiterinnen.

Erdhummel *Bombus terrestris*
Größte heimische Hummelart, sehr ähnlich der Gartenhummel, jedoch ist nur die Vorderkante der Brust gelb behaart. Die Königin ist mit bis zu 28 mm Körperlänge relativ groß. Die Nester der Erdhummel liegen immer unter der Erde in Bauen von Maulwürfen oder Mäusen, manchmal bis zu 1,5 m tief, und bieten Völkern mit bis zu 500 Hummeln Unterschlupf.

Ackerhummel *Bombus pascuorum*
Weitgehend braune Hummel mit orangefarbener Brustbehaarung, Königin bis zu 22 mm lang, Arbeiterinnen deutlich kleiner. Nistet häufig oberirdisch z.B. in alten Vogelnestern, aber auch unter der Erde in verlassenen Mauselöchern. Das Volk kann auf bis zu 150 Tiere anwachsen. Ackerhummeln zählen zu den letzten noch im Herbst umherfliegenden Hummeln.

Steinhummel *Bombus lapidarus*
Königin bis zu 23 mm groß, Arbeiterinnen kleiner; tiefschwarze Hummel mit relativ langem, am Ende orangerot behaartem Hinterleib; bei den Männchen breiter gelber Streifen auf der Brust. Nester häufig unter Steinhaufen und in Mauerlöchern, aber auch in Vogelnestern oder Strohhaufen. 100 bis 200, manchmal bis zu 300 Hummeln pro Staat. Bevorzugt offene Flächen und ist sehr oft an Kleeblüten zu finden.

Ebenso wie Hornissen und Wildbienen stehen auch Hummeln unter Naturschutz!

Käfer

Auffälligstes Merkmal der Käfer sind die zu harten Deckflügeln umgewandelten Vorderflügel aus Chitin, dessen Grundsubstanz Glucose ist, der Grundstoff von Zucker. Darunter liegen zusammengefaltet gut geschützt die häutigen, hinteren Flügel, mit denen Käfer fliegen. Die oftmals bunten Deckflügel passen im Ruhezustand nahtlos aneinander und bedecken Mittel- und Hinterbrust sowie fast den gesamten Hinterleib (im Unterschied zu manchen Wanzen, deren Vorderflügel überlappen). Eine Ausnahme sind die Kurzflügler (s.u.). Käfer sind sehr robust und leben hauptsächlich am Boden und an Pflanzen, sie fliegen eher selten. Die sehr große Vorderbrust wird von einem Halsschild bedeckt, der manchmal bis über den Kopf ragt. Der Name „Käfer" leitet sich vom Wort „Kiefer" ab und weist auf die kräftigen Mundwerkzeuge hin. Die meisten Käfer benutzen ihre kauend-beißenden Mundwerkzeuge zum Zerteilen von Blättern, Früchten, Holz oder Wurzeln. Einige Arten und deren Larven leben räuberisch oder ernähren sich von toten Tieren. Alle Käfer betreiben auf dem Weg von der Larve zum erwachsenen Tier eine vollkommene Umwandlung.

Laufkäfer

Der Name Laufkäfer rührt daher, dass die meisten Arten dieser Ordnung die Fähigkeit des Fliegens zugunsten recht schneller Fortbewegung auf festem Untergrund aufgegeben haben. Ihre Flügeldecken sind verwachsen und die Hinterflügel verkümmert. Dies ist vor allem bei größeren Arten der Fall,

viele kleine Laufkäferarten bewegen sich auch fliegend fort und besitzen so die Fähigkeit, plötzlich verfügbare Lebensräume wie beispielsweise Kahlschläge rasch zu besiedeln. Innerhalb einiger Arten sind sowohl flugfähige wie auch flugunfähige Tiere vorhanden, so beim **Gekörnten Laufkäfer** *Carabus granulatus*. Die Antennen der Laufkäfer sind immer fadenförmig und gerade ausgebildet.
Viele Laufkäferarten sind Räuber und in Gärten gerne gesehen, wo sie meist nachts Jagd auf Schnecken, Würmer und andere Kleintiere machen. Tagsüber verstecken sich die Laufkäfer unter Steinen, Borke oder Blättern.
Am Ende des Hinterleibs sitzen Wehrdrüsen, aus denen die Käfer Feinden ein übel riechendes Sekret entgegenspritzen, manche Arten sind hierbei sehr treffsicher. Nimmt man Laufkäfer auf die Hand, wird ebenfalls der Abwehrstoff abgesondert.
Einzelne Arten sind so an bestimmte Lebensraumtypen gebunden, dass sie mit deren Zerstörung ebenfalls verschwinden. ***Viele Laufkäferarten, darunter auch die hier aufgeführten, stehen deshalb unter Naturschutz.***

Goldschmied *Carabus auratus*
Bis 27 mm großer goldschimmernder, grüner Käfer, Flügeldecken mit deutlichen Längsfurchen; ernährt sich von Schnecken, Engerlingen und anderen bodenlebenden Wirbellosen.

Goldleiste *Carabus violaceus*
Bis 35 mm großer schwarzer Käfer, Halsschild violett schimmernd, Flügeldecken glatt mit goldschimmerndem Rand; jagt nachts vor allem Nacktschnecken.

Hain-Laufkäfer *Carabus nemoralis*
Bis 30 mm großer dunkler Käfer ähnlich der Goldleiste, die grünlichen Flügeldecken sind jedoch mit deutlichen vertieften Punktreihen in Längsrichtung versehen.

Gebüsch-Grabläufer *Pterostichus madidus*
Bis 14 mm großer glänzend schwarzer Laufkäfer mit rotbraunen Beinen; räuberisch, frisst aber auch an Pflanzen und Früchten.

Kurzflügler

Wie der Name vermuten lässt, sind die Deckflügel der Kurzflügler sehr kurz, sodass der Großteil des Hinterleibes nicht bedeckt wird. Die Hinterflügel sind trotzdem meist gut ausgebildet, und die Käfer bewegen sich auch fliegend fort. In Europa kommen über 1000 Kurzflüglerarten vor, von denen die kleineren Arten häufiger tagaktiv, größere eher nachts unterwegs sind. Je nach Art stellen die Käfer anderen Kleintieren nach oder ernähren sich von Aas, Dung oder faulendem Pflanzenmaterial. Der größte in Deutschland heimische Vertreter der Kurzflügler ist der **Schwarze Moderkäfer** *Ocypus olens* (früher *Staphylinus olens*) mit bis zu 30 mm Körperlänge. Schwarze Moderkäfer leben vorzugsweise in morschem Holz, wo sie Jagd auf Larven, Schnecken und Würmer machen. Angreifern stellen sich die Tiere mit deutlich sichtbaren, geöffneten Kieferklauen und hochgerecktem Hinterleib entgegen. In dieser Haltung wirken die großen pechschwarzen Käfer tatsächlich recht furchteinflößend. In England werden sie wohl deshalb als „Zugpferde der Teufelskutsche" bezeichnet („Devil's Coach-Horse").

Blatthornkäfer

Zur großen Familie der Blatthornkäfer zählen die in Gärten vor allem durch ihre Größe auffallenden Maikäfer und Rosenkäfer. Deutlichstes Merkmal der Blatthornkäfer sind die als Blätterkeule ausgebildeten Antennen, die wie Fächer auf- bzw. eingeklappt werden können. Über die Sinneszellen in den Blätterkeulen nehmen die Käfer Duftstoffe wahr und finden so einen Partner. Die Flügeldecken sind hinten oft verkürzt und decken den Hinterleib nicht komplett ab.

Feldmaikäfer *Melolontha melolontha*
Allein durch ihre Körpergröße von bis zu 35 mm wirken die auffälligen, braun-grauen Käfer mit dem seitlichen weißen Zickzackmuster im Flug plump. Dazu kommt noch ein charakteristisches, recht lautes, brummendes Fluggeräusch, das auf jeden Fall die Ankunft eines Maikäfers an der Fensterscheibe oder der Zimmerwand ankündigt. Die früher häufigen Käfer zeichnen sich durch eine extrem lange Entwicklungszeit aus. Bis zu vier Jahre leben die weißen Larven mit dem braunen Kopf als sogenannte Engerlinge im Boden. Hier ernähren sie sich ausschließlich von Wurzeln. Im Sommer des dritten Entwicklungsjahres verpuppen sich die Larven. Der fertige Käfer schlüpft kurz darauf Ende September und überwintert als ausgewachsenes Insekt im Boden, bis er sich dann im folgenden Frühjahr, häufig im Mai, seinen Weg an die Erdoberfläche gräbt. Etwa drei Monate bleiben den Maikäfern, um ihre Fortpflanzung zu sichern. Jetzt fressen sie mit Vorliebe junge Triebe, z. B. Eiche, vermehren sich und legen ihre Eier im Boden ab. Einige Wochen später schlüpfen die Engerlinge.
Wegen der Vorliebe der erwachsenen Käfer für junge Triebe und des Wurzelfraßes der Larven wurden Maikäfer als Schädlinge bekämpft. Noch vor etwas über hundert Jahren waren Maikäfer so zahlreich, dass sie als Hühnerfutter gesammelt und bei armen Leuten sogar als delikate Einlage in der Suppe galten. Für Maikäfersuppe nach Bertha Heydens Kochbuch aus dem Jahr 1887 benötigte man für eine Portion etwa 30 Käfer! Vor allem der Großeinsatz von Chemikalien und die intensive Bodenbearbeitung in der Landwirtschaft haben seither die Bestände der Maikäfer stark dezimiert, da den Engerlingen nicht genügend Zeit für ihre lange Entwicklung bis zum Käfer bleibt. Einige Jahre lang galt es als kleine Sensation einen Maikäfer gefunden zu haben. In jüngster Vergangenheit haben die Bestände der Maikäfer regional jedoch wieder zugenommen.

Massenvermehrung und verkürzte Entwicklungszeit
Maikäfer vermehren sich etwa alle 40 bis 50 Jahre in extrem hoher Zahl. Die letzte dieser zyklischen Massenvermehrungen fand nach dem 2. Weltkrieg statt. Seit etwa zehn Jahren sind in Gebieten Südwest-Deutschlands Maikäfer wieder wesentlich häufiger, was von Experten als Hinweis auf den Höhepunkt einer erneuten „Maikäferplage“ gewertet wird. Höhere Temperaturen, trockenere Böden und verlängerte Vegetationsperioden zählen zu den begünstigenden Faktoren, die bei Maikäfern und anderen Insektenarten zu Bestandszunahmen beitragen können. Nach den großen Bekämpfungsmaßnahmen mit DDT in den 1950er-Jahren werden Maikäfer vielleicht als Frühjahrsboten wieder bekannter als durch Max und Moritz von Wilhelm Busch. Klimabedingt hat sich die Entwicklungszeit der Maikäferlarven in vielen Regionen Mitteleuropas verkürzt, so liegen z. B. aus Baden-Württemberg und der Schweiz Beobachtungen von drei oder sogar zwei Jahren Larvenstadium vor. In den warmen Jahren zu Beginn dieses Jahrhunderts erschienen Maikäfer in der Schweiz früher im Jahr und werden sogar schon als „April“-Käfer bezeichnet.

Gartenlaubkäfer *Phyllopertha horticola*
Bis 10 mm großer Käfer mit rostbraunen, manchmal metallisch schimmernden Flügeldecken; Kopf und Halsschild metallisch grün bis blauschwarz; Käfer sind von Mai bis Juli an trockenen warmen Tagen zu beobachten, wenn sie meist knapp über dem Erdboden fliegen und an Blüten von Büschen und Bäumen fressen; die Larven ernähren sich von Gräserwurzeln.

Nashornkäfer *Oryctes nasicornis*
Bis 40 mm großer dunkel rotbraun glänzender Käfer; Männchen mit großem nach hinten gebogenem Horn und kräftigem Brustschild, bei den kleineren Weibchen ist statt eines Horns nur eine winzige Spitze angedeutet. Die Larven ähneln den Engerlingen der Maikäfer. Sie ernähren sich von verrottendem Holz und Pflanzen. Ursprünglich lebten Nashornkäferlarven hauptsächlich in morschen Baumstümpfen. Dieser Lebensraum wird jedoch immer seltener. Als Ersatzlebensraum werden Komposthaufen und Mistbeete angenommen. Vor allem in Süd- und Westdeutschland sind Nashornkäfer häufig.

Käfermiete
Ähnlich einem Komposthaufen werden Laubholzhäcksel (vorzugsweise Eichenholz), Pferdemist, Laubstreu oder Borke mit einem Volumen von 5 bis 7m^3 an feuchtwarmem bis halbtrockenem Standort aufgehäuft. Damit Nashornkäfer, Rosenkäfer und andere Tiere wie Reptilien und Amphibien hier leben können, muss die Miete über mehrere Jahre bestehen bleiben.

Rosenkäfer *Cetonia aurata*
Bis 17 mm großer Käfer, dessen Flügeldecken abgeflacht sind und wie zerquetscht wirken; Flügeldecken leuchtend metallisch grün, je nach Lichteinfall auch golden oder bläulich; Unterseite rostrot; Käfer fressen häufig an den Blüten von Rosen, aber auch anderer Pflanzen; die Larven leben in altem, verrottendem Laubholz, bevorzugt in Weiden. Rosenkäfer fliegen mit geschlossenen Flügeldecken, dabei werden die Hinterflügel seitlich unter den Deckflügeln hervorgefaltet.

Nashornkäfer und Rosenkäfer stehen unter Naturschutz!

Schnellkäfer

Diese Käferfamilie hat ihren Namen nicht etwa aufgrund extremer Schnelligkeit erhalten. Hält man einen Schnellkäfer auf der ausgestreckten Hand auf den Rücken, dann kann man das namengebende Verhalten beobachten. Die Schnellkäfer haben eine Technik entwickelt, die es ihnen bei im Vergleich zur Körpergröße relativ kurzen Beinen ermöglicht, sich aus der Rückenlage wieder auf den Bauch zu drehen. Hierzu „schnellen" die Käfer ihren Kopf mit einem deutlichen Klicklaut zurück, wodurch sie in die Luft geschleudert werden, um dann auf den Füßen zu landen. Sie erreichen dies, indem sie einen hakenartigen Auswuchs in eine Mulde an der Brustunterseite drücken. Der dabei entstehende Ton hat den Käfern ihren englischen Namen „Klick-beetle" eingebracht. Erwachsene Schnellkäfer ernähren sich hauptsächlich von Blüten und Blättern. Die wegen ihrer glatten Körper „Drahtwürmer" genannten Larven leben unterirdisch und fressen vorwiegend Wurzeln. Vor allem der **Saatschnellkäfer** *Athous haemorrhoidalis* wird wegen des Larvenfraßes an Getreide und anderen Feldfrüchten als gefährlicher Pflanzenschädling angesehen.

Weichkäfer

Weichkäfer haben ihren Namen aufgrund ihrer relativ weichen Flügeldecken und geringer Panzerung erhalten. Die meisten Weichkäferarten leben räuberisch.

Gemeiner Weichkäfer *Cantharis fusca*

Bis 15 mm langer, schlanker Käfer mit schwarzen, leicht behaarten Deckflügeln und schwarzem Fleck an der Vorderkante des rostroten Halsschildes. Im Gegensatz zu den roten Beinen der Geschwisterart *C. rustica* sind die Beine von *C. fusca* rot mit schwarzen Schenkeln. Der deutlich sichtbare Hinterleib ist gelb-orange. Die Käfer sind häufig auf Doldenblütlern zu finden, wo sie Jagd auf kleine Insekten machen. Die am Boden lebenden Larven fressen mit Vorliebe Schnecken. Die Tiere überwintern als Larven und zeigen dabei eine ungewöhnliche Resistenz gegen Kälte, sodass sie an manchen Tagen als sogenannte „Schneewürmer" auf der Schneeoberfläche beobachtet werden können.

Leuchtkäfer

Als Leuchtkäfer werden Weichkäfer mit der Fähigkeit, Licht zu produzieren bezeichnet. Als richtige Käfer, allerdings mit extrem großen Augen, sind nur die Männchen zu erkennen. Die meist flugunfähigen Weibchen ähneln platt gedrückten Tausendfüßern, haben aber wie alle Insekten nur sechs Beine. Die Tiere benutzen artspezifische Leuchtfrequenzen zum Anlocken eines Partners. Interessant ist, dass beim **Großen Glühwürmchen** *Lampyris noctiluca* nur die Weibchen Leuchtsignale geben, während fliegende, leuchtende Käfer immer **Gemeine Glühwürmchen** *Lamprohiza splendidula* sind. Nur die Larven der Glühwürmchen, die ebenfalls Leuchtsignale aussenden können, leben räuberisch und ernähren sich hauptsächlich von Schnecken. Erwachsene Leuchtkäfer verzichten ganz auf die Nahrungsaufnahme. Nachts sitzen die Weibchen an den Spitzen von Grashalmen und anderer Vegetation, damit ihre Leuchtsignale gut gesehen werden. Hat man des nachts Glühwürmchen entdeckt, lohnt sich bei Tage die Suche nach den Larven, die in typischen Schneckenverstecken z. B. unter Steinen und Totholz auf Beutejagd sind.

Biolumineszenz

Den Vorgang, bei dem Lebewesen Licht erzeugen, nennt man Biolumineszenz. Dabei werden Chemikalien, nämlich Luciferin, Adenosintriphosphat (ATP), Sauerstoff und das Enzym Luciferase in Verbindung gebracht und die dabei entstehende Energie zu 95 % in Form von Licht anstatt Wärme freigesetzt, es handelt sich um sogenanntes kaltes Licht. Betrachtet man ein Glühwürmchen bei Tageslicht, so sieht man unten am Hinterleib helle Bereiche, die ihre blasse Farbe durch lichtreflektierende Kristalle im Inneren erhalten. Hier wird das Licht hergestellt und bestmöglich in alle Richtungen „ausgestrahlt".

Weibchen des Großen Glühwürmchens.

Männchen des Gemeinen Glühwürmchens.

Marienkäfer

Zu den Marienkäfern zählen neben dem in Deutschland wohl bekanntesten **Siebenpunkt-Marienkäfer** *Anatis ocellata* und dem **Zweipunkt-Marienkäfer** *Adalia bipunctata* noch eine ganze Reihe weiterer Arten, deren auffälligste Merkmale der beinahe halbkugelige Körperbau sowie grelle Farben sind. Der Kopf ist fast ganz unter dem Halsschild verborgen, und nicht selten wird der wie mit Augen gezeichnete Halsschild vom Laien als Kopf angesehen. Fast alle Marienkäfer weisen Punktzeichnungen im Kontrast zur Grundfarbe auf. Zusätzlich zur Abschreckung von Feinden durch die Warnfarben sondern die Tiere bei Gefahr ein übel riechendes Sekret ab, das für viele andere kleine Lebewesen, z. B. Ameisen, giftig ist.

Benannt nach der Mutter Jesu

Seinen Namen erhielt der Marienkäfer von Bauern und Gärtnern. Wegen seiner Nützlichkeit dachten sie, Maria, die Mutter Jesu, schickte die Käfer um ihre Pflanzen zu schützen. Die Häufigkeit in der Nähe von Menschen sowie die farbenfrohe Zeichnung und die Verbindung der Farbe Rot mit Liebe machten den Marienkäfer zum Symbol für Glück. Zahlreiche volkstümliche Bezeichnungen weisen auf die Beliebtheit über Jahrhunderte hin. Bekannt sind Sonnenkäfer, Marienkälbchen, Blattlauskäfer und Sonnenküken – eher lokal verbreitet sind Namen wie Huppawermel (Hopfenwürmchen) oder Graupelmiezchen.

Siebenpunkt Marienkäfer.

Zweipunkt Marienkäfer.

Immer zum höchsten Punkt
Jeder wird wahrscheinlich schon mal einen Marienkäfer auf der Hand gehabt und beobachtet haben, wie das Tier wegfliegt. Auffällig ist dabei, dass Marienkäfer immer zum höchsten Punkt krabbeln, bevor sie ihre Deckflügel anheben und die darunter gefalteten häutigen Flügel ausbreiten. Dieser für fast alle Käfer typische Vorgang kann am Beispiel Marienkäfer sehr gut beobachtet werden. Ist der Käfer wieder gelandet, werden die Hautflügel gefaltet und die Deckflügel darüber zusammengelegt. Manchmal schaut noch ein häutiger Zipfel hervor, der nach kurzer Zeit ebenfalls verschwunden ist.

Marienkäfer und deren Larven sind Räuber, die als ausgesprochen willkommene Bewohner im Garten angesehen werden, da sie Unmengen von Blattläusen vertilgen. Ein einzelner Marienkäfer kann pro Tag 50 bis 100 Blattläuse verspeisen. In den drei Wochen ihrer Entwicklung frisst jede Larve bis zu 600! Marienkäfer und deren Larven sind auf Blättern und Stängeln, wo auch die Verpuppung stattfindet, meist gut sichtbar. Die frisch geschlüpften Käfer sind zunächst eher blass, mit dem Erhärten der Flügeldecken treten auch die leuchtenden Farben und Punkte hervor.

Marienkäfer überwintern in großer Anzahl an geschützten, trockenen Plätzen, z. B. unter Borke oder in Fensterritzen.

Die Larven des Siebenpunkt-Marienkäfers ernähren sich von Blattläusen.

Vom Ei zum Käfer
Die Entwicklung eines Marienkäfers lässt sich leicht miterleben. Marienkäfern kann man im Garten auch bei der Eiablage zusehen. Die Eier können dann zusammen mit Blättern und anderem Pflanzenmaterial in einen geeigneten Behälter übertragen und die Larven beim Schlupf und ihrer weiteren Entwicklung beobachtet werden. Sobald die Larven geschlüpft sind, muss für ausreichend Nachschub an Blattläusen gesorgt werden.

Seit einigen Jahren breitet sich in Europa eine ostasiatische Marienkäferart, der **Harlekin-Marienkäfer** *Harmonia axyridis* aus. Diese Art ist etwas größer als der größte heimische Marienkäfer (Siebenpunkt), mit meist verwaschen wirkenden Farben in vielen verschiedenen Kombinationen und fast immer braunen Beinen. Näheres zum Harlekin-Marienkäfer findet sich im Kapitel „Probleme", S. 163.

Harlekin-Marienkäfer sind ursprünglich in Ostasien beheimatet.

Bockkäfer

Deutlichstes Merkmal der Bockkäfer sind sehr lange Antennen, die auf höckerartigen Stirnauswüchsen sitzen. Innerhalb der Arten besitzen Männchen die längeren Antennen. Die meisten Arten der oft recht bunt gefärbten Bockkäfer finden sich in Wäldern. Die Larven leben fast alle in totem oder lebendigem Holz, das sie auch fressen, und entwickeln sich auch in gefälltem Holz weiter, sodass manche Arten über den Holzhandel bereits weltweit verschleppt wurden.

Widderbock, Wespenbock *Clytus arietis*
In Gärten recht häufiger schwarz-gelber Bockkäfer, dessen Zeichnung in Teilen an ein Widdergehörn oder eine Wespe erinnert. Die bis zu 16 mm großen Käfer sind auf sonnigen Stammabschnitten von Bäumen oder Blüten zu beobachten, ihre Larven leben bevorzugt in altem Obstbaumholz oder sonstigen Laubbäumen. ***Wie die meisten Bockkäferarten steht auch der Widderbock unter Naturschutz.***

Dunkler Zierbock *Anaglyptus mysticus*
Bis 13 mm großer, besonders hübsch in schwarz, braun und beige gezeichneter Käfer, der vor allem in Süddeutschland häufig an den Blüten von Weißdorn und Holunder zu finden ist. Die Larven leben in trockenen Laubgehölzästen.

Blattkäfer

Wie der Name vermuten lässt, sind Blattkäfer hauptsächlich auf Blättern zu finden, von denen sie sich auch ausschließlich ernähren. Löcher in Blättern oder bis auf die Blattrippen abgenagte Blätter deuten auf das Vorkommen von Vertretern dieser Gruppe hin. Nach kurzer Suche findet man dann auch meist die oft leuchtend gefärbten, glatten rundlichen Käfer. Einige Arten produzieren Giftstoffe zur Abschreckung von Fressfeinden. Aufgrund ihrer Lebensweise gelten viele Vertreter dieser Gruppe als Schädlinge in Land- und Gartenbau.

Der vielleicht bekannteste Blattkäfer ist der **Kartoffelkäfer** *Leptinotarsa decemlineata*. Mit seinen braunen Längsstreifen auf gelben Flügeldecken ist er unverkennbar.

Auf den Geschmack gekommen

Ursprünglich stammten die Kartoffelkäfer aus der Wüste Colorados in Nordamerika, wo sie an Büffelkletten fraßen. Über die ersten Siedler wurde die Kartoffel in ihr angestammtes Verbreitungsgebiet gebracht. Mittlerweile fressen Käfer und Larven die Blätter von Kartoffeln, Tomaten und anderen Nachtschattengewächsen, wobei sie innerhalb kurzer Zeit ganze Felder kahl fressen können. Aufgrund dieser Tatsache konnte die Ausbreitung dieser erstmals im Jahr 1877 in Westeuropa festgestellten Art relativ genau dokumentiert werden. Als eingewanderte Art hatten die Kartoffelkäfer zunächst keine Fressfeinde in Europa, erst seit einigen Jahrzehnten werden sie von – ebenfalls ursprünglich nicht heimischen – Fasanen als Nahrung erkannt.

Prächtiger Blattkäfer, Goldglänzender Blattkäfer *Chrysolina fastuosa*

Bis 5 mm großer metallisch grüner Käfer mit blau, violett oder rötlich schimmernden, wie poliert wirkenden Flügeldecken, auf denen Reihen winziger Punkte zu erkennen sind. Käfer und Larven sind häufig auf Lippenblütlern wie Salbei, Minze oder Nesselarten anzutreffen.

Lilienhähnchen *Lilioceris lilii*

Ein zum Leidwesen vieler Gärtner häufig in Gärten vorkommender Blattkäfer mit schwarzem Kopf, leuchtend roten Flügeldecken und ebenso rotem, schmalem Halsschild. Käfer und noch viel mehr die Larven fressen an Lilien und verwandten Arten sowie deren Zwiebeln. Die Larven tarnen sich unter ihren eigenen Ausscheidungen.

Grüner Schildkäfer *Cassida viridis*
Schildkäfer sind in ihrer Form eher untypische Vertreter der Blattkäfer, Brustschild und Flügeldecken bilden einen über den Körper hinausragenden Rand. Der bis zu 10 mm große Grüne Schildkäfer ist hellgrün gefärbt, mit bräunlichen Flecken. In Lippen- und Korbblütlern, deren Blätter er frisst, ist der flach gedrückt wirkende Käfer gut getarnt. Auch die Larven des Grünen Schildkäfers tarnen sich mithilfe ihres eigenen Kotes, der zu diesem Zweck auf dornförmige Auswüchse auf den Rücken der grau-braunen Larven aufgespießt wird.

Fraßbilder an Blättern
Im Gegensatz zu Schmetterlingsraupen, die Blätter meistens vom Rand her abnagen, fressen Blattkäfer richtige Löcher zwischen die Blattrippen. Ähnliche Fraßbilder hinterlassen auch Schnecken. Diese sind als Urheber der Löcher jedoch leicht an der ebenfalls zurückbleibenden Schneckenschleimspur zu erkennen. Vom Rand her gefressene Einbuchtungen in Blättern stammen meistens von Rüsselkäfern.

Rüsselkäfer

Der bei den meisten Vertretern dieser Gruppe lang ausgezogene Kopf lässt die Käfer aussehen, als seien sie mit einem Rüssel ausgestattet. In dessen vorderer Hälfte sitzen die oft deutlich abgeknickten Fühler, an seinem Ende die Mundwerkzeuge. Viele Rüsselkäfer sind in ihrer Fortbewegung langsam und schwerfällig und stellen sich bei Gefahr tot, anstatt schnell wegzulaufen oder sich zu verstecken. Einige Arten sind flugunfähig. Ganz allgemein leben Rüsselkäfer eher im Verborgenen, sodass sie schwer zu sehen sind. Das Vorkommen einiger Arten im Garten lässt sich aber anhand von typischen Spuren feststellen. Viele Rüsselkäferlarven leben in Samen, so z. B. die Larven des etwa 4 mm großen **Haselnussbohrers** *Curculio nucum*. Sehr kleine Löcher in Nüssen, Eicheln und anderen Samen weisen auf solche Bewohner hin. Eine Gruppe von Käfern innerhalb der Rüsselkäfer, aufgrund ihrer Brutstätten „Blattroller" genannt, baut z. T. recht kunstvolle Blattwickel aus zusammengerollten Blättern oder Teilen davon, in die die Weibchen ihre Eier legen (z. B. **Rebenstecher** *Byctiscus betulae*, **Pappelblattroller** *Byctiscus populi*).

Gefurchter Dickmaulrüssler, Breitrüssler *Otiorhynchus sulcatus*
Bis 10 mm großer grau-brauner Käfer mit helleren bzw. dunkleren braunen Flecken auf den längs gefurchten Flügeldecken, Rüssel vorne verdickt. Da Gefurchte Dickmaulrüßler während der Dämmerung und nachts unterwegs sind, bekommt man sie nur zu Gesicht, wenn man nach ihnen sucht. Ihr Vorhandensein verraten die Käfer durch vom Rand her gefressene Einbuchtungen in Blättern und kleine schwarze Kotkügelchen auf und unter Pflanzen. Die Larven fressen an Wurzeln, die befressenen Pflanzen sterben nicht selten ab. In Gärten gelangen die Tiere über Blumenerde und andere, Eier oder Larven enthaltende, Substrate.

Grünrüssler *Phyllobius* sp.

Die Gattung der Grünrüssler enthält mehrere Arten dunkler, bis 10 mm großer Rüsselkäfer, deren grüne Färbung durch den Panzer bedeckende Schuppen entsteht, die Käfer wirken oft wie bestäubt. Im Laufe der Zeit nutzen sich die Schuppen ab, sodass eine Vielzahl Farbvarianten zu beobachten ist. Die meisten Grünrüssler sind nicht auf spezielle Futterpflanzen festgelegt, sondern fressen die Blätter verschiedener Bäume, Sträucher und Kräuter, sodass sie auch in Gärten häufig zu finden sind. Wie die Larven vieler anderer Rüsselkäfer ernähren sich auch die der Grünrüssler von Wurzeln.

Schwimmkäfer

Käfer dieser Gruppe sind in ihrem Körperbau stark an das Leben im Wasser angepasst. Der Kopf verschwindet z.T. unter dem Halsschild und alle Kanten sind abgerundet, woraus sich eine ovale Form ergibt. Das hintere Beinpaar ist zu kräftigen, flachen Schwimmbeinen mit Fransensaum umgebildet. Schwimmkäfer tauschen ihre Luftvorräte, indem sie ihren Hinterleib über die Wasseroberfläche hinaus recken und Luft zwischen die zusammengelegten Hautflügel strömen lassen. Die meisten Schwimmkäfer sind gute Flieger. Käfer wie Larven ernähren sich räuberisch von Kaulquappen, kleinen Fischen und anderen Wassertieren.

Gelbrandkäfer *Dytiscus marginalis*

Mit bis zu 40 mm einer der größten Käfer in Europa, rötlich-braun mit gelbem Rand um Körper und Halsschild. Die Flügeldecken der Weibchen sind feiner gerippt als die der Männchen. Bevorzugt dicht bewachsene, stille Gewässer. Gelbrandkäfer fliegen auf der Suche nach Wasserflächen weit umher. Dabei werden manchmal spiegelnde Autodächer, Gewächshäuser und andere reflektierende Flächen als vermeintlicher Tümpel angesehen.

Taumelkäfer *Gyrinus natator*

Wie schwarze Perlen wirkende Käfer, die scheinbar ziellos auf der Wasseroberfläche in Schlangenlinien und Kreisen schwimmen, oft zu mehreren. Mittleres und hinteres Beinpaar sind zu kurzen Paddeln umgewandelt. Bei Gefahr tauchen die Käfer unter Wasser weg. Eine anatomische Besonderheit sind die zweigeteilten Augen, mit denen die Tiere über und unter Wasser gleichzeitig sehen können. Larven und Käfer fressen hauptsächlich Mückenlarven.

Tarnung, Warnung und andere Überlebensstrategien

Fast alle Wirbellosenarten im Garten werden von anderen Tieren gefressen. Um Fressfeinden zu entgehen, haben einzelne Gruppen oder sogar Arten unterschiedlichste Strategien entwickelt. Manche Schnecken ziehen sich in eine feste Schale zurück, Stinkwanzen versprühen bei Gefahr ein übel riechendes Sekret und Wespen stechen. Die meisten Tiere, vor allem weniger wehrhafte, versuchen Angriffen durch Tarnung oder Warnung vorzubeugen.

Tarnung (Krypsis)

Um nicht gefressen zu werden, ist es am sichersten gar nicht erst aufzufallen. Bei vielen Tierarten hat sich zu diesem Zweck eine Tarntracht oder Umgebungstracht bewährt, d.h. die Körperfärbung ist dem typischen Lebensraum angepasst. Hierbei können Farben ebenso wie Muster eine Rolle spielen. Typische Beispiele sind grüne Raupen auf grünen Blättern, borkenfarbig gemusterte Nachtfalter an Baumstämmen oder Schnirkelschnecken mit gelben Schalen in Wiesen. Manchmal tarnt sich über die Körperfärbung auch der Räuber. Ein Beispiel für diese Angriffstarnung bei den Wirbellosen ist die in Büschen jagende Grüne Jagdspinne.

Tarntracht bei vielen Nachtfaltern.

Angriffstarnung der Grünen Jagdspinne.

Eine besondere Form der Tarnung stellt das Nachahmen meist unbeweglicher Teile der Umgebung in der Körperform da, die sogenannte Mimese. Die Tiere sind zwar gut zu sehen, werden aber nicht als mögliche Beute erkannt. Spannerraupen beispielsweise tarnen sich, indem sie mit ihren Körpern in Färbung und Haltung kleinen Ästchen zum Verwechseln ähneln.

Spannerraupen ähneln häufig kleinen Ästchen.

Warnung

Tiere, die Angreifer z. B. über chemische Stoffe oder Stacheln abwehren können, sind häufig sehr auffällig gefärbt. Da sie recht wehrhaft sind, müssen sie sich nicht unbedingt tarnen. Um Angriffen dennoch von vornherein zu entgehen, warnen die Tiere mit meist grellen Farben Fressfeinde vor unangenehmen Folgen. Diese Strategie funktioniert, wenn der Angreifer eine einmal gemachte schlechte Erfahrung mit der entsprechenden Warntracht verknüpft. Bekannte Beispiele für Tierarten mit Warntracht sind Wespen und Hornissen mit ihren Wehrstacheln, aber auch die kontrastreich gefärbten Marienkäfer, die bei Gefahr einen unangenehm riechenden Stoff absondern, der zudem für viele kleinere Tiere wie z. B. Ameisen giftig ist.

Einige auffällig bunt gefärbte Tierarten warnen durch ihre Körperfarbe vor einer Gefahr, die tatsächlich gar nicht vorhanden ist. Schwebfliegen beispielsweise ähneln im Aussehen Wespen, besitzen jedoch keine Wehrstachel und sind völlig harmlos. Das Nachahmen von Warntracht nennt man Mimikry (Scheinwarntracht).

Die großen „Augen" des Nagelfleck sollen Feinde abschrecken.

Wieder andere Tierarten täuschen beispielsweise falsche Augen vor, um Angreifern größer und überlegener zu erscheinen. Das Tagpfauenauge z. B. hat sogar seinen Namen wegen der „Augen" auf den ausgebreiteten Flügeln erhalten. Viele Raupen zeigen augenähnliche Zeichnungen auf ihren Körpern und lenken Angreifer vom empfindlichen Kopf ab. Die Raupe des Mittleren Weinschwärmers nimmt bei Gefahr eine Schreckhaltung ein, sodass die Augenpunkte den Angreifer direkt „ansehen" und abschrecken.

Wirbellosenfreundlicher Garten

Wirbellose sind in Gärten in fast allen Lebensräumen zu finden: Eine Mauerritze ist für einen Ohrwurm dasselbe wie eine Felsspalte, der Raum unter einem Blumentopf für Asseln ähnlich dem unter einem großen Stein, verbautes, unbehandeltes Holz vergleichbar mit Totholz. Selbst Zimmerwände im Haus sind mit senkrechten Felswänden vergleichbar, entlang derer Wolfsspinnen Jagd auf Beute machen. Der eigene Garten kann auf vielerlei Art und Weise attraktiver für die vielen kleinen Lebewesen gemacht und so die Artenvielfalt erhöht werden. Nicht zuletzt bieten sich durch die Verwendung Insekten-anlockender Pflanzenarten, mit der Anlage eines einfachen Holzstapels oder einer Insektenwand viele, vielleicht sogar neue Beobachtungsmöglichkeiten.

Natürlich oder vom Menschen gemacht – Lebensräume im Garten

Wirbellose sind i.d.R. sehr kleine Lebewesen, die auf relativ kleiner Fläche eine Reihe verschiedener Umweltbedingungen vorfinden können. Ein umgefallener und liegen gelassener Baumstamm beispielsweise birgt die unterschiedlichsten Wirbellosen-Lebensräume. Auf der Oberseite ist es trocken und bei Sonneneinstrahlung warm, unter dem Stamm ist es kühl, feucht und dunkel, es gibt windgeschützte Stellen und Teile, die mit Pflanzen oder Erde in Berührung sind. Je nach Ansprüchen leben hier die unterschiedlichsten Tiere, vom Regenwurm über Schnecken bis hin zu Käfern und Schmetterlingen. Je mehr unterschiedliche Strukturen ein Garten aufweist, umso mehr verschiedene Tierarten werden sich hier einfinden. In einem Blumenbeet mit unterschiedlichen Pflanzen, möglichst noch von unterschiedlicher Wuchshöhe, werden mehr verschiedene Insektenarten zu beobachten sein, als wenn das Beet nur mit Blumen einer Sorte bepflanzt ist.

Schon auf kleinstem Raum können unterschiedliche Lebensräume vorhanden sein, wie hier am Teichufer Totholz, Mulm, Steine, Gräser und andere Pflanzen.

Spurenfalle
Um festzustellen, welche Tiere den Holzstapel besuchen, kann man in einem größeren Hohlraum einen alten Teller, dessen Unterseite zuvor mit Rauch geschwärzt wurde, aufstellen. Wenn man die einzelnen Spuren auch nicht unbedingt gezielt Arten zuordnen kann, so erhält man doch einen Eindruck, wie viele kleine Lebewesen hier unterwegs waren.

Einrichtungen im Garten, die vorhandene Strukturen im Hinblick auf Lebensräume von Wirbellosen verbessern oder bereichern, lassen sich meistens mit wenig Aufwand herstellen.

- **Totholz:** ein alter Baum (stehend oder liegend), aufgestapeltes Brennholz oder ein einfacher Haufen verschiedener Hölzer – Totholz bietet Wirbellosen unzählige Möglichkeiten: Asseln verstecken sich an den dunklen, feuchten Plätzen, Schnecken finden Unterschlupf, vielen Insektenarten dient Totholz als Brutstätte. Wo andere kleine Tiere sind, lassen auch Spinnen nicht lange auf sich warten, und Wespen finden Material zum Nestbau. Verschiedene Hölzer an möglichst sonnigem, nach Süden exponiertem Standort aufstapeln, evtl. gezielt Hohlräume verschiedener Größe einbauen oder Löcher für Solitärinsekten in Stammabschnitte bohren (nicht an der Stirnseite, s. S. 154 ff).

- **Trockenmauer** und **Steinhaufen:** Steine halten Wärme länger als andere Materialien im Garten, sodass sie v.a. für wärmeliebende Wirbellosenarten interessant sind: Käfer wärmen sich auf, Schmetterlinge trocknen in der Sonne, Spinnen bauen Netze in und vor Ritzen und Öffnungen. Trockenmauern bestehen aus lose aufgeschichteten Steinen, die nicht vermörtelt sind. In den Ritzen können die Wurzeln von Pflanzen wie Steinbrecharten, Mauerpfeffer und Mauerblume Fuß fassen und mit ihren zahlreichen Blüten viele Insekten anlocken.

- **Teich:** Wasser ist eine besondere Welt mit eigener Wirbellosen-Fauna, darunter Schnecken, Würmer und Krebse. Manche Käfer- und Wanzenarten sind auf das Leben am bzw. im Wasser spezialisiert, aber auch die Larven vieler Insektenarten leben im Wasser, z.B. Libellen, Steinfliegen, Köcherfliegen, Mücken. Andere Wirbellose im Garten nutzen Teiche zur Aufnahme von Wasser, Bienen und Wespen beispielsweise können an flachen Ufern beim „Trinken" beobachtet werden. Je nach Gestaltung der Wasserstelle sind Wirbellose mit unterschiedlichen Lebensraumansprüchen zu finden. Auch hier gilt wieder der Grundsatz: je strukturreicher, umso höher die Artenvielfalt. Bei der Anlage eines größeren Teiches sollte man unbedingt ein Fachbuch oder gar einen Fachmann zurate ziehen.

- **Wiese** und **Rasen:** Zwischen den Blättern und Blüten von Wiesenpflanzen lassen sich zahlreiche Wirbellose, z.B. Käfer, Spinnen, Schmetterlinge, Wanzen und Heuschrecken beobachten. Näheres zum Lebensraum Wiese, vor allem auch für Schmetterlinge, und Anlage einer Blumenwiese wird weiter unten ausgeführt. Aber nicht nur oberirdisch, sondern auch unter der Erdoberfläche ist in einer Wiese viel los: Regenwürmer, Schnecken, Insektenlarven, Ameisen und nicht zuletzt viele mikroskopisch kleine Lebewesen bevölkern die Bodenschichten.

- **Blumenrabatten** und **Beete:** Je nach Bepflanzung eignen sich Blumenbeete besonders als Lebensraum aller Blüten besuchenden Insekten, die hier Verstecke, Nahrung, Brutstätten oder Überwinterungsplätze finden. Ebenso wie bei Wiesen ist auch der Boden von Beeten von zahlreichen Wirbellosen besiedelt. Je nach Geschmack des Gartenbesitzers sind Beete in unterschiedlichsten Formen leicht anzulegen. Bei der Bepflanzung sollten reich blühende, duftende Stauden, möglichst heimischer Herkunft, bevorzugt werden.

- **Bäume** und **Büsche:** Holz und Blätter dienen zahlreichen Insektenarten als Brutstätten und Eiablageplätze. Schmetterlingsraupen fressen an den Blättern, während die Gelege von Gallwespen an Blättern und Früchten typische Auswüchse verursachen. Viele Tiere wie z. B. Heuschrecken und Blattwanzen verstecken sich zwischen den Blättern. Die Blüten zahlreicher Gehölze locken Bienen, Hummeln, Schmetterlinge und andere nektarsaugende Insekten an. Auch für Bäume und Sträucher gilt, möglichst heimische Arten verwenden, auch Weide oder Weißdorn eignen sich für Gärten.

- **Komposthaufen:** Ein Komposthaufen sollte im Garten selbstverständlich sein. Nicht nur Garten-, sondern auch Küchenabfälle (außer Fleisch, Fisch und Gekochtem) werden hier von unzähligen Tieren und Mikroorganismen zu wertvoller Erde umgewandelt. Komposthaufen werden von Regenwürmern, Schnecken, Asseln, Hundertfüßern und Spinnen bevölkert, Schmetterlinge, Wespen und Fliegen finden dort Nahrung.
  Tipps und Informationen zum Kompostieren sind bei Garten- und Naturschutzverbänden und im Fachhandel erhältlich.

- **Wilde Ecke:** In jedem Garten sollte Platz für eine „Wilde Ecke" sein, wo die Natur sich selbst überlassen wird. Hier dürfen Brennnesseln wachsen, gibt es hohes Gras und wildwachsende Stauden, können Sträucher wuchern. Reisig und Totholz dienen als bereichernde Strukturen. Auch z. B. Steinhaufen aus nicht mehr verwendeten Pflaster- oder Natursteinen bieten einen besonderen Lebensraum für viele Wirbellose, aber auch Igel, Reptilien oder Amphibien finden hier einen Rückzugsort. In vielen Gärten ergibt sich die Wilde Ecke fast von selbst, wenn man auf ein paar Quadratmetern einfach nichts tut, vielleicht in der Nähe des Komposts oder wo Schnittgut gelagert werden kann. Auch wenn gelegentlich selbst hier der eine oder andere Rück- bzw. Freischnitt erfolgen muss (z. B. an der Grundstücksgrenze), wird die Natur es danken, ungestört zu bleiben.

- **Gebäude:** Hausmauern entsprechen künstlichen Felswänden, mit Ritzen, Spalten und Unebenheiten an Fenstern und Türen. Die senkrechten Flächen werden von vielen Wirbellosen genutzt, darunter Spinnen und Milben. Falter sonnen sich an den wärmespeichernden Mauern und solitäre Bienen nutzen kleine Zwischenräume als Nistplatz.
  Holzschuppen und Lattenzäune stellen je nach Holzart, Alter und Behandlung ebenfalls vom Menschen gemachte Lebensräume dar. Hier leben im Holz brütende Käfer, Wespen holen sich Baumaterial für ihre Nester und Schmetterlinge überwintern in trockenen Ritzen.

Blüten, Blätter und andere Pflanzenteile

Für zahlreiche Insekten wie Schmetterlinge, Bienen, Schwebfliegen und Käfer sind Blüten mit Nektar der attraktivste Pflanzenteil. Die meisten Pflanzen sind bei der Übertragung des Pollens von einer Blüte auf eine andere auf Insekten angewiesen. Zum Anlocken sondern viele Pflanzen vor allem über die Blüten Duftstoffe ab, die den Bienen, Hummeln, Schmetterlingen und anderen Insekten Nahrung in Form von Nektar verheißen. Der Nektar befindet sich meist im unteren Teil einer Blüte. Bei dem Versuch, den Nektar zu erreichen, streifen die Insekten mit ihren Körpern an den Staubgefäßen entlang, wodurch Pollen an ihnen hängen bleibt bzw. abgestreift wird. Auf diese Weise wird der Pollen zwischen einzelnen Blüten verteilt. Um möglichst viele verschiedene Insektenarten, darunter nicht zuletzt so bunte wie die Schmetterlinge, im eigenen Garten beobachten zu können, empfiehlt sich bei der Anlage von Beeten die Verwendung möglichst duftender Arten. Manche Arten, z. B. Rosen, sind in vielen verschiedenen Sorten erhältlich, darunter auch nichtduftende. Ebenso wie duftlose sollten gefüllte Blüten eher gemieden werden, da den Insekten der Zugang zum Nektar bei solchen Züchtungen versperrt sein kann. Eine große Herausforderung bei der Gestaltung von Blumenbeeten ist, dass über einen möglichst langen Zeitraum des Jahres Pflanzen in Blüte stehen.

Zur Ablage der Eier werden dann andere Teile der Pflanzen als Blüten, z. B. Blätter oder Holz, und andere Strukturen im Garten interessant. Ein Garten voller Blumen, aber ohne Gräser, Brennnesseln und Totholz, dient trotz des reichen Nektarangebotes nicht unbedingt dem Naturschutz. Nachdem die Larven geschlüpft sind, fressen vegetarisch lebende Insektenlarven hauptsächlich Blätter oder Wurzeln. Der Verzicht auf jegliche Insektizide im wirbellosenfreundlichen Garten versteht sich von selbst.

Hummeln, Bienen, Schwebfliegen und andere Insekten übertragen bei der Suche nach Nektar Pollen und bestäuben so zahlreiche Blüten.

Nicht nur in Gärtnereien erworbene Pflanzen, sondern auch Vertreter der heimischen Flora rund um Haus und Garten können sich im Staudenbeet sehen lassen. Um herauszufinden, welche heimischen Pflanzenarten bei Schmetterlingen und anderen Insekten in der eigenen Wohngegend besonders beliebt sind, braucht man eigentlich nur auf Spaziergängen in der Umgebung die Augen offenzuhalten und zu beobachten, welche Tiere auf welchen Pflanzen zu finden sind. Bei Wildblumen kann man im Herbst ein paar Samen zum Hausgebrauch sammeln und in Töpfe oder direkt an Ort und Stelle aussäen. Viele exotische Pflanzenarten in Gärten bleiben häufig unberührt, wahrscheinlich weil sie für viele Larven heimischer Insektenarten ungenießbar sind.
Nachfolgend sind einige bei Insekten besonders beliebte Sträucher, Kletterpflanzen und Stauden mit durchaus dekorativem Charakter aufgeführt, darunter auch einige eingeführte Züchtungen. Die Liste erhebt keinerlei Anspruch auf Vollständigkeit.

„Nachtblumen"
Die Blüten einer ganzen Reihe von Stauden und Sträuchern entfalten erst in der Dämmerung und nachts ihren vollen Duft (Geißblattgewächse) oder gar ihre Blüten selbst (Nachtkerze). Sie sind i.d.R. auf nachtaktive Falter zur Bestäubung angewiesen und locken diese mit ihrem weit reichenden Duft an. In lauen Sommernächten kann man mit einer Taschenlampe Nachtfalter an entsprechenden Pflanzen beobachten.

Pflanzenliste für den insektenfreundlichen Garten

Art	Wuchs	Blüte	Häufige Insektenarten
Zwergmispel *Cotoneaster dammeri*	bis 30 cm hoher Strauch, Bodendecker	Mai–Juli; weiß	Hummeln, Bienen, Schwebfliegen
Heckenrose *Rosa canina*	dicht verzweigt, rankender Strauch	Ende Mai; zartrosa	Bienen, Hummeln
Eingriffeliger Weißdorn *Crataegus monogyna*	Strauch, der als Baum gezogen werden kann	Mai; weiß; intensiv duftend	Bienen, Wespen, Fliegen
Holunder *Sambucus nigra*	Strauch	Mai–Juni; weiß; stark duftende Dolden	zahlreiche Insektenarten
Himbeere *Rubus sp.**	Strauch, je nach Geschmack gezogen	Mai–Juni; weiß	zahlreiche Insektenarten
Liguster *Ligustrum sp.**	Einzelstrauch, Hecke (Hecken erst nach der Blüte schneiden)	Juni–Juli; Weiß	Hummeln, Bienen, Schmetterlinge

Art	Wuchs	Blüte	Häufige Insektenarten
Alpen-Waldrebe *Clematis alpina*	Kletterpflanze	Ende April; blau-violett	zahlreiche Insektenarten, v. a. Hummeln
Berg-Waldrebe *Clematis montana*	Kletterpflanze	Ende April; hellrosa: vanille-ähnlicher Duft	Hummeln
Wald-Geißblatt *Lonicera spec.*	Kletterpflanze	Mai–Oktober; Blütenfarbe je nach Art; vor allem abends und nachts stark duftend	Nachtfalter z. B. Gamma-Eule, Taubenschwänzchen
Feuerdorn *Pyracantha coccinea*	Strauch, geeignet für Spaliere	Mai; weiß	Bienen, Schwebfliegen
Winterjasmin *Jasminum nudiflorum*	Strauch, geeignet für Spaliere	Dezember–März; gelb	wichtige Nahrungsquelle für erste Hummeln, Bienen
Sommerflieder *Buddleja davidii*	Strauch	Juni–Oktober; je nach Sorte rosa, lila, gelb, weiß	zahlreiche Schmetterlingsarten, z. B. Tagpfauenauge, Kleiner Fuchs, Admiral, Kohlweißling, Schwalbenschwanz; Bienen
Blut-Johannisbeere *Ribes sanguineum*	Strauch	ab März; rosa; stark duftend	wichtige Nahrungsquelle für erste Hummeln, Bienen
Acker-Witwenblume *Knautia arvensis*	30–70 cm hohe Staude	Juni–September; blau; nektarreich	zahlreiche Insektenarten
Bergamotte *Monarda „Prärienacht“*	bis 120 cm hohe Staude	Juni–August; lila; Blätter bei Berührung aromatisch duftend	Bienen, Nachtfalter
Anis-Ysop *Agastache foeniculum*	bis 50 cm hohe Staude	Juli–September; weiß bis rosa, Blätter bei Berührung Lakritz ähnlich duftend	zahlreiche Insektenarten
Grasnelke *Armeria maritima*	bis 30 cm hohe Staude	Mai–Oktober; weiß	Hummeln, Bienen
Langblättriger Ehrenpreis *Veronica longifolia*	bis 60 cm hohe Staude	Ende Juni–August; blau	Schmetterlinge, zahlreiche andere Insektenarten

Art	Wuchs	Blüte	Häufige Insektenarten
Gelbe Taubnessel *Lamium galeobdolon*	Staude, Bodendecker	Mai–Juni; gelb	Hummeln
Gefleckte Taubnessel *Lamium maculatum*	Staude, Bodendecker	März–September; purpur	Hummeln
Gelber Sonnenhut *Rudbeckia fulgida*	bis 60 cm hohe Staude	August–Oktober; gelb	zahlreiche Schmetterlingsarten
Echte Goldrute *Solidago virgaurea*	bis 65 cm hohe Staude	August–September; gelb	Schwebfliegen, Bienen, Käfer, Schmetterlinge
Fette Henne *Sedum spectabile*	bis 40 cm hohe Staude, bevorzugt mageren Boden	August--September; rosa	Schmetterlinge
Herbstaster *Aster novae-angliae*	bis 55 cm hohe Staude	August–Oktober; je nach Sorte lila, rosa, weiß	Schmetterlinge, z. B. Tagpfauenauge, Admiral
Kugeldistel *Echinops bannaticus*	bis 120 cm hohe Staude	September–Oktober; hellblau	Hummeln
Wasserdost *Eupatorium sp.**	bis 150 cm hohe Staude	Juli; weiß bis rosa	zahlreiche Insektenarten, v. a. Schmetterlinge
Flammenblume *Phlox paniculata*	je nach Sorte bis 100 cm hohe Staude	Juli–August; weiß. rosa, purpurrot, gescheckt, je nach Sorte	Schmetterlinge
Schlüsselblume *Primula veris*	bis 15 cm hohe Wildstaude	März–April; gelb	Hummeln
Purpur-Sonnenhut *Echinacea purpurea*	bis 100 cm hohe Staude	Juli–September; purpurrot	Schmetterlinge
Schneefelberich *Lysimachia clethroides*	dichte, strauchartige Staude	Juli–August; weiß	Schmetterlinge, z. B. Landkärtchen, Kleiner Fuchs
Sumpf-Schafgabe *Achillea ptarmica*	bis 75 cm hohe Staude	Juli–August; weiß	zahlreiche Insektenarten
Kriechender Günsel *Ajuga reptans*	Bodendecker	ab April; blau	Bienen, Hummeln
Silberkerze *Cimifuga sp.**	bis 100 cm hohe Staude	September–Oktober; weiß	„späte" Schmetterlinge

Art	Wuchs	Blüte	Häufige Insektenarten
Echter Gamander *Teucrium x lucidrys*	bis 30 cm hoher Bodendecker	Juni–August; purpurrot	zahlreiche Insektenarten
Lavendel *Lavendula angustifolia*	bis zu 90 cm hohe Staude	Juli–September; blau, stark duftend	Schmetterlinge, Bienen, Hummeln
Gewöhnliche Nachtkerze *Oenothera biennis*	bis zu 120 cm hohe zweijährige Pflanze	Juni–August; gelb, nachts	nachtaktive Schwärmer, darunter Mittlerer Weinschwärmer

* Je nach Garten und Geschmack unterschiedliche Arten; falls duftende und nicht-duftende Arten zur Wahl stehen, empfehlen sich für den insektenfreundlichen Garten die duftenden Pflanzen.
(Aufstellung verändert und ergänzt nach „Vivara Pflanzen für den tierfreundlichen Garten")

Lebensraum Wiese

Als Wiese ist eine mit blühenden krautigen Pflanzen (Blumen) und Gräsern bewachsene Fläche definiert. Aufgrund der verschiedensten Ansprüche einzelner Pflanzenarten können Wiesen je nach Standort ganz unterschiedlich zusammengesetzt sein. In Gärten sind Wiesen heutzutage eher selten zu finden, zum einen weil die Fläche des durchschnittlichen Hausgartens relativ klein ist, zum anderen weil viele penible Hausbesitzer einen kurz geschorenen, grünen Rasen bevorzugen.

Deutscher Einheitsrasen

Die verschiedenen Grünlandtypen, zu denen auch Wiesen gehören, werden mit den entsprechenden Kennarten in dem Buch „Grünlandtypen – erkennen, nutzen, schützen" (Sturm et. al 2018, Quelle und Meyer-Verlag) vorgestellt. Darin ist auch der „Deutsche Einheitsrasen" aufgeführt, der als artenarme Ausbildung einer landwirtschaftlich genutzten Vielschnittwiese gilt. In der Regel sind in der Pflanzenzusammensetzung nur drei Gräserarten (Deutsches Weidelgras, Wiesen-Rispengras und Rot-Schwingel) vertreten. Je nachdem, wie oft der Rasen geschnitten wird, können zudem Weißklee, Gänseblümchen und Wiesen-Löwenzahn vorkommen. Zum Vergleich: in einem mageren Trockenrasen können allein auf 20 m² schon 80 verschiedene Gefäßpflanzenarten gezählt werden.

Neben zahlreichen anderen Wirbellosen sind vor allem auch viele Schmetterlingsarten während der unterschiedlichen Stadien ihrer Entwicklung auf Gräser angewiesen. Je nach Art werden die Eier in kurzem oder langem Gras abgelegt. Während die ausgewachsenen Schmetterlinge an der Spitze hoher Gräser rasten, fressen die Raupen die Blätter. In abgestorbenem Gras, das in den Wintermonaten nicht geschnitten wird, überwintern Eier und Puppen. Blumen zwischen den Gräsern bieten den Tieren Nektar. Oft finden Schmetterlinge den benötigten Lebensraum mit Wildblumen und Gräsern an Feld- und Waldrändern, wo sie sich auf Wegen oder unbewachsenen Flächen in der Sonne aufwärmen.
Im eigenen Garten ist eine Wiese leicht angelegt. Schon eine Fläche von etwa 20 m² ist hier ausreichend, vorzugsweise in sonniger Lage. Viele Wiesenblumen gedeihen auf eher nährstoffarmem Boden, sodass der meist nährstoffreiche Gartenboden mit Sand ausgemagert werden sollte. Falls die Fläche bisher mit Rasen bewachsen war, muss dieser abgetragen werden.

Bei der Anlage einer Wiese für Schmetterlinge werden z. B. folgende Blumen und Gräser empfohlen: Flockenblume, Wiesen-Margerite, Klatsch-Mohn, Schafgarbe, Acker-Witwenblume, Wilde Möhre, Wiesen-Platterbse, Wiesen-Salbei, Kriechender Günsel, Rundblättrige Glockenblume, Gemeiner Lein, Lanzett-Kratzdistel, Nickende Distel, Acker-Vergissmeinnicht, Kartäuser-Nelke, Kleearten, Kuckuckslichtnelke, Natternkopf, Pfeifengras, Rispengras, Trespe, Wiesenlieschgras.

Wildblumenwiese.

Im ersten Jahr entwickeln sich v. a. die Rosetten der mehrjährigen Wiesenblumen, aus denen im zweiten Jahr dann Blüten wachsen. Blumenwiesen sollten zweimal im Jahr gemäht werden, Ende Juni nach der Samenreife und nochmals im Herbst. Das Mähgut verbleibt einige Tage auf der Fläche, damit Samen noch ausfallen und Tiere neuen Unterschlupf finden können. Dann muss man das Schnittgut entfernen. Nahe der Wiese sollten kleine Flächen blanken Bodens oder Sand angeboten werden, auf denen Schmetterlinge sich aufwärmen und trocknen lassen können.
Neben Schmetterlingen lassen sich in Wiesen zahlreiche andere Tierarten antreffen, darunter nicht nur Insekten wie Käfer, Fliegen, Bienen, Schwebfliegen und Heuschrecken, sondern auch Spinnen, Asseln, Schnecken und Würmer. In einem echten Naturgarten darf eine Blumenwiese also auf keinen Fall fehlen.

Viele im Handel angebotene Samenmischungen enthalten nicht-heimische Pflanzenarten wie beispielsweise Kalifornischen Mohn und andere exotische Beetblumen, die häufig einjährig sind. Solche Blumenmischungen kann man natürlich als Farbtupfer oder für Schnittblumen in ein Gartenbeet integrieren, als Ersatz für eine Wiese oder echte Blühfläche (s. Kasten) sind sie nicht geeignet. Auch viele Blühflächenmischungen enthalten nicht-einheimische Arten.

Blühfläche ist keine Wiese
„Blühfläche" und „Blühwiese" darf man nicht verwechseln. Mit den gelegentlich auf landwirtschaftlichen Flächen gezielt angelegten Blühflächen oder den allein aus Nutzungsverzicht im Ackerland entstehenden Grünbrachen haben die Blühwiesen nichts zu tun. Dieser Fachbegriff bezeichnet die in Deutschland sehr selten gewordenen, artenreichen, extensiv genutzten Feucht- oder Magerwiesen von hohem naturschutzfachlichem Wert. Wo solche Wiesen aus der traditionellen Grünlandbewirtschaftung entstanden sind und sich bis heute erhalten haben, sind sie unbedingt zu schützen. Auch sonst darf bestehendes Grünland in keinem Fall umgebrochen werden, um dort dann eine „Blühwiesenmischung" einzusäen – nicht jede Wiese muss in tausend Farben erstrahlen, um einen naturschutzfachlichen Wert zu besitzen. (Quelle: ***www.lbv.de***)

Besondere Gefahr: Mähroboter
Häufig kommen mittlerweile Mähroboter zum Einsatz, wenn Rasenflächen vermeintlich ordentlich aussehen sollen, der Gartenbesitzer aber keine Zeit für das häufige Kürzen der Halme hat oder aufbringen will. Die automatisierten Geräte fahren in einem abgesteckten Bereich und mähen die gesamte Laufzeit über. Zum Aufladen steuern sie selbstständig die eigene Ladestation an. In „Roboterrasen" gibt es keine Samen tragenden Gräser mehr oder nektarbietenden Blühpflanzen, die Insekten anziehen und indirekt zum Nahrungsangebot für Vögel beitragen. Nutznießer der kurz gehaltenen Rasen sind höchstens Amseln und Stare, die hier Regenwürmer und Larven aus dem Boden ziehen können – wenn denn welche vorkommen und nicht durch Dünger und Pestizide schon ausgerottet wurden.
Und eigentlich spart man sich auch keine Zeit, denn gemäß Gebrauchsanweisung dürfen Mähroboter nicht unbeaufsichtigt arbeiten, wenn Kinder oder Haustiere in der Nähe sind. Nicht zuletzt bemängelt die Stiftung Warentest die Sicherheit der Geräte, nachdem in Tests mit Attrappen festgestellt wurde, dass ausgestreckte Hände und somit auch krabbelnde Kinder und kleine Wirbeltiere von einigen Robotern nicht als Hindernis erkannt werden. Was unter die Geräte passt, wird angemäht. Für Vögel ist diese Gefahr weniger bedeutend, sofern sie fliegend entkommen können. Flugunfähige Jungvögel, die das Nest schon verlassen haben, sind jedoch ebenso gefährdet wie Igel, Blindschleichen, Kröten und Frösche. Sie können zum Teil schwer verletzt werden, besonders wenn die Geräte nachts fahren. In einem naturfreundlichen Garten haben Mähroboter absolut nichts zu suchen.

Ungewöhnliche Gartenpflanzen

Für viele Schmetterlingsarten besonders wichtige Pflanzen sind Brennnesseln *Urtica dioica* und Weiden *Salix* sp. Die Raupen beispielsweise von Tagpfauenauge und Kleinem Fuchs fressen ausschließlich an Brennnesseln und könnten ohne deren Vorkommen nicht überleben.

Häufige Arten an Brennnesseln	Häufige Arten an Weiden
Admiral*, C-Falter, Distelfalter*, Kleiner Fuchs*, Landkärtchen, Punktierter Fleckleibbär, Tagpfauenauge*	Abendpfauenauge*, Braunhalsspanner, C-Falter, Großer Fuchs, Großer Gabelschwanz, Großer Schillerfalter, Kleiner Raufußspanner, Mondvogel, Schlehenspinner, Trauermantel, Weidenbohrer, Zackeneule, Zickzackschwimmer

*Arten sind in den Artbeschreibungen näher ausgeführt, s. „Schmetterlinge" S. 88

Um ein übermäßiges Ausbreiten der wuchernden Brennnesseln zu vermeiden, können die Pflanzen in Töpfe gesetzt und an günstigen Stellen im Garten aufgestellt werden, beispielsweise nahe des Komposthaufens oder in einer „wilden Ecke". Da die meisten Schmetterlinge zur Eiablage die jungen Triebe bevorzugen, empfiehlt sich häufiges Zurückschneiden.

Bäume und Sträucher

Früh im Jahr blühende Bäume und Sträucher bieten erste Nahrungsquellen für Bienen und Hummeln. Bei Schmetterlingsraupen besonders beliebte Baumarten sind u.a. Ulme, Zitterpappel, Winterlinde und Erle. Sträucher wie Faulbaum, Roter Hartriegel, Kreuzdorn, Liguster, Haselnuss, Schlehe und Sal-Weide eignen sich bestens für Hecken entlang von Zäunen oder Grundstücksgrenzen. Obstbäume bieten neben Blüten im Frühjahr und Früchten zum Verzehr im Sommer auch gärendes Fallobst, das bis in den Herbst hinein neben vielen anderen Tieren auch Schmetterlinge und Nachtfalter anzieht.

Obst und Zucker

Falls im Garten kein Obstbaum steht, kann man auch Apfel- oder Birnenhälften an sonnigen Stellen auf dem Rasen auslegen oder ein Schmetterlingsbuffet einrichten (s. S. 90). Viele Nachtfalter lassen sich mit Zuckerlösungen anlocken und beobachten. Um den angelockten Schwärmern nicht zu schaden, sollten künstliche Lichtquellen im Garten so gering wie möglich gehalten werden.

Die schnellwachsende Bergwaldrebe lockt mit ihren vielen Blüten im April und Mai zahlreiche Hummeln und andere Insekten an.

Nist- und Überwinterungshilfen

Bei entsprechender Bepflanzung und Gestaltung sind im Frühjahr und Sommer viele verschiedene Wirbellose im Garten zu beobachten. Mit Hilfen zum Nisten und Überwintern kann ihr Vorkommen weiter unterstützt werden.

Nisthilfen für Wildbienen

Die meisten Bienenarten leben nicht in Staaten, sondern einsiedlerisch oder solitär. Jedes Weibchen legt eigene kleine Nester mit mehreren Kammern an, die je nach Art in hohlen Pflanzenstängeln, Mauer- oder Bodenlöchern oder Holzgängen gebaut werden (s. auch „Bienen" S. 118). Viele dieser Strukturen können in Gärten natürlich vorhanden sein und durch künstliche Nisthilfen für Insekten noch erweitert werden. Naturschutzverbände und Gartenfachhandel bieten solche Nisthilfen an, die jedoch nicht immer ideal sind und manchmal besser richtig selbst hergestellt werden können.

Löcher in senkrechten Baumscheiben dienen Wildbienen als Neststandorte.

Unterschiedliche Nisthilfen für Solitärinsekten zum Selbstbauen

Nisthilfe	Bauanleitung
Gitterziegel	• Gitterziegel an sonniger Stelle, vor Wind und Regen geschützt aufhängen, sodass die Gänge waagerecht liegen
Nisthölzer, Holzblöcke	• In Abschnitte von gut getrocknetem, hartem Laubholz längs der Faser, also von der Stirnseite aus, 8–10 cm tiefe Löcher bohren; die Rückseite muss geschlossen sein. An sonniger Stelle, vor Wind und Regen geschützt aufhängen, sodass die Gänge waagerecht liegen; Nadelholz eignet sich wegen der langen Holzfasern nicht
Hohle Stängel	• 10–20 cm lange Abschnitte von hohlen Stängeln oder Bambus bündeln oder in geeigneten Rahmen anordnen, vor Wind und Regen geschützt aufhängen, sodass die Gänge waagerecht liegen; auch markhaltige Stängel können auf diese Weise verwendet werden
Markhaltige Stängel	• Alte Brombeer- und Himbeerranken, Holunder- und Sommerfliederschnitt in etwa 50 cm langen Bündeln schräg an Zäunen oder Hauswänden anbringen
Lehm-Sand-Hochbeet	• >20 cm hohen Rahmen an sonniger Stelle mit Gemisch aus Sand und Lehm füllen, sodass vegetationsfreier, leicht grabfähiger Boden entsteht
Steilwände	• Mit Lehm verbaute Trockenmauer (s. o.) • Lehmigen Boden an sonniger Stelle im Garten zu einem Damm aufhäufen und von Pflanzen freihalten • Lehm in Kisten oder Kästen füllen, kurz vor dem Trocknen Löcher bohren, an trockenem, sonnigem Platz senkrecht im Garten aufstellen
Morsches Holz	• Holz in verschiedenen Verwitterungsstadien im Garten belassen • Stammabschnitte als Struktur in den Garten holen

Verschiedene Nistmöglichkeiten können auch in Insekten-Nistwänden oder Insekten-Nisthügeln kombiniert werden.

Wildbienenhotels selber bauen

Material

- Gut durchgetrocknetes Hartholz, z. B. Eiche, Esche, Buche, Obstholz
- Hohle Schilf- oder bambusstengel o. ä.
- Markhaltige Stängel, z. B. Brombeere, Himbeere, Sommerflieder, Holunder, div. Stauden, Pappröhrchen (Fachhandel)
- Spezielle gebrannte Tonziegel (Fachhandel)

Ungeeignet:

- Füllstoffe wie Holzwolle oder Fichtenzapfen
- Lochziegel mit scharfen Kanten
- Wasseraufnehmendes Material wie Bimssteine

Ausführung

- Saubere, glatte Bohrungen ohne Splitter
- Bohrungen immer ins Längsholz, also nicht in die Stirnseite
- Durchmesser der Öffnungen 2–9 mm
- Hohle Bambusstängel intakt und sauber geschnitten
- Länge Stängel je 10–15 cm, hinten immer geschlossen

Anbringung

- An geschützter Stelle oder mit Dach gegen Regen geschützt
- Sonnige Ausrichtung (Südost bis Südwest)
- Fest anbringen, darf nicht im Wind schwingen
- Nektarpflanzen in der Nähe

Pflege

- Ganzjährig am Platz lassen
- Keine Reinigung nötig

Beobachtungen

- Wie sind die Löcher verschlossen?; z. B. grüne Blätter deuten auf Blattschneiderbienen, Lehm und Sand auf Mauerbienen
- Welche Durchmesser sind besonders begehrt?
- Zu welcher Tages-/Jahreszeit fliegen die Bienen?

u.v.m.

Beim Bau von Insektennistwänden können einzelne Bereiche mit unterschiedlichem Material gefüllt werden, z. B. hohlen Stängeln, Heu oder Tonscherben.

Wildbienen im Sand

Sehr viele Wildbienen bauen ihre Nester im Sand oder in sandigem Boden, entweder direkt in den Grund, aber auch in Steilwände. Auch das kann man anbieten.

Sandbeet im Boden oder Topf	Senkrechte Nistwand
• Fläche im Grund auskoffern und mit Sand/lehmigem Sand auffüllen; von Bewuchs frei halten • Großen Blumentopf mit Sand/lehmigem Sand füllen	• Lehm-Sand-Gemisch in Blumentöpfe, Blumenkästen, kleine Obstkistchen oder Rahmen aus Holzbrettern füllen und an sonniger Stelle möglichst senkrecht aufstellen • An geeigneter Stelle im Garten einen Holzrahmen hochkant einbauen und mit Lehm-Sand-Gemisch füllen bzw. „verputzen“ • Bei fast trockenem Zustand vorsichtig Löcher hineinbohren, die dann von den Wildbienen ausgebaut werden • Sand-Lehm-Gemische können auch in Insektenhotels aus anderen Materialien mit eingebaut werden Wichtig: Ohne eine Bindung, z. B. durch Lehm, hält der Sand in der Senkrechten nicht. Künstliche Bindemittel wie Zement dürfen nicht verwendet werden, dort können die Bienen nicht weitergraben!

Nisthilfen für Wildbienen und andere Tiere müssen nicht immer akkurat gebaut sein.

Einfaches Hummelnest

Hummeln bauen ihre Nester in Hohlräume, die schon geeignetes Nistmaterial enthalten, z. B. verlassene Mauselöcher oder alte Vogelnester. Häufig liegen Hummelnester unter der Erdoberfläche. Wo stabile, leicht grabfähige Böden und somit auch geeignete Bodenhöhlen fehlen, nehmen Hummeln auch gerne künstliche Hummelnester oder -kästen an (s. auch „Hummeln" S. 125).

Bauanleitung

Material:

- Tontopf mit 15–20 cm Durchmesser
- Hühnerdraht
- Moos, Heu, Haare, grob zerhacktes Heu, Pflanzenfasern u. Ä.
- Stück Schlauch

Verschiedene Nistmaterialien (z. B. Moos, klein geschnittenes Heu und Haare, naturbelassene Schafwolle, Pflanzenfasern wie naturbelassene Baumwolle, Kapok oder Pappelflaum) zu einem gut gemischten Ball formen, lose in Hühnerdraht einschlagen und in den Blumentopf legen. An sonniger Stelle im Garten ein Loch graben, sodass der umgedrehte Blumentopf mit dem Nistmaterial hineinpasst. Hummelnester können auch an Hangkanten liegen. Durch ein Loch im Topfboden ein Ende des Schlauches stecken und den Topf mit Erde bedecken. Das andere Schlauchende als Einflugloch an der Erdoberfläche offen liegen lassen, sodass kein Wasser einlaufen kann, evtl. überdachen. Hummelköniginnen sind sehr wählerisch, daher sollten drei bis vier Nester angeboten und gut beobachtet werden.

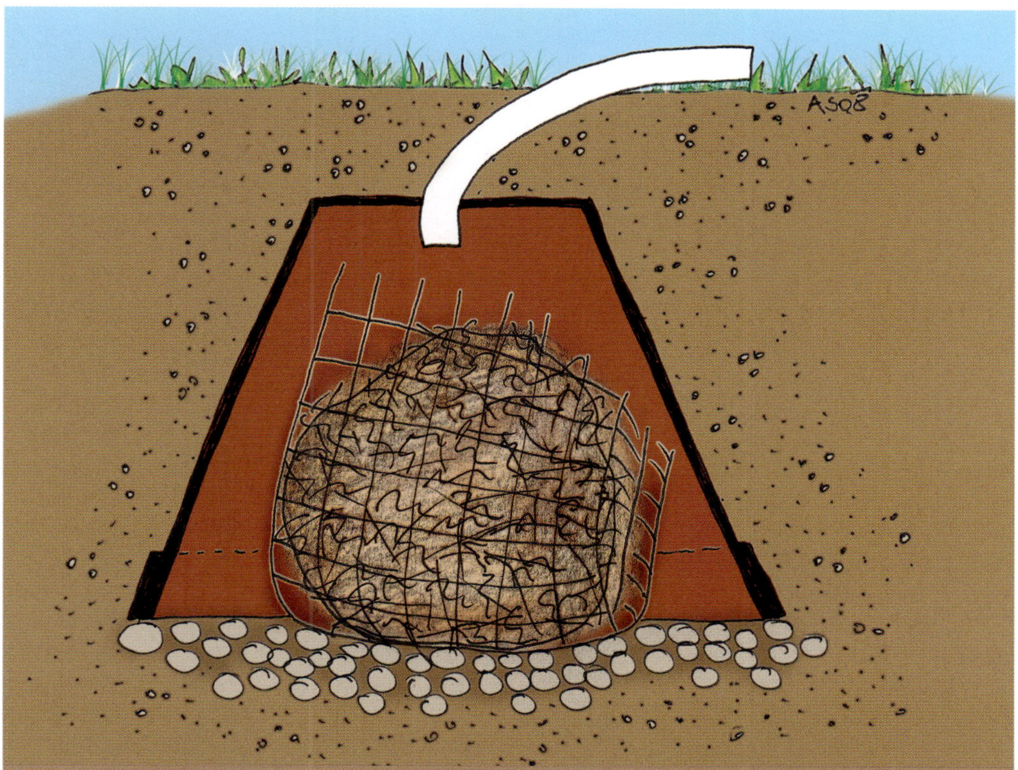

Hummelnest.

Ohrwurm-Häuschen

Die nachtaktiven Ohrwürmer verstecken sich bei Tageslicht in dunklen, engen Zwischenräumen und in trockenem Laub. Sie ernähren sich u. a. von Blattläusen (s. „Ohrwürmer" S. 81). Ohrwurm-Häuschen eignen sich hervorragend, um die Ohrwürmer näher an mit Blattlauskolonien besetzte Pflanzen zu bringen.

Bauanleitung

Material:

- Blumentopf, alte Henkeltasse, sonstige Gefäße, „Insektenmützchen"
- Stabiler Stab
- Stroh oder Heu

Den Stab in die Mitte des Topfes stellen, rundherum Stroh oder Heu fest stopfen. Damit das Stroh nicht herausfällt, kann es mit Drahtgeflecht gesichert werden. Den Stab mit dem Topf vorsichtig herumdrehen und an günstiger Stelle in den Boden bringen.

Als Ohrwurm-Häuschen eignen sich ebenso andere mit Stroh oder Heu gefüllte Behälter, die mit der Öffnung nach unten oder vor Regen geschützt auch direkt an Baumstämmen oder anderen Pflanzen angebracht werden können. Wichtig ist der Kontakt zum Boden bzw. Pflanzen, da Ohrwürmer nicht fliegen können und nur laufend in das Versteck gelangen. Als „Insektenmützchen" bezeichnet man aus Wolle (vorzugsweise Naturfasern) gefertigte kleine Hüte, die ebenfalls mit Stroh oder Heu gefüllt auf Stäben angebracht werden. Das Stricken oder Häkeln ist im Winter ein netter Zeitvertreib und auch für Kinder geeignet.

In abgeblühten Beeten setzen Insektenmützchen im Winter Farbtupfer.

Überwinterungshilfen

Florfliegen, Marienkäfer und Schmetterlinge suchen bei feuchtem und kaltem Wetter ebenso wie zum Überwintern geschützte, trockene Plätze.

Einfache Holzkästen, deren Vorderwände mit nach unten geöffneten Lamellen versehen sind, werden mit Stroh gefüllt und dienen den Blattläuse vertilgenden Florfliegen und Marienkäfern als Unterschlupf.

Als erwachsene Tiere überwinternde Schmetterlinge nehmen gern mit kleinen Zweigen und rauen Innenwänden ausgestattete Kästen mit senkrechten schmalen Öffnungen an.

Überwinterungshilfe für Florfliegen.

Weitere praktische Tipps und Informationen finden sich im Buch „Nisthilfen und andere heimische Tiere“ von Klaus Richarz und Martin Hormann, erschienen im AULA-Verlag, oder auf den Websites der deutschen Naturschutzverbände unter ***www.nabu.de*** und ***www.lbv.de***.

Probleme

Schädling oder nicht Schädling?

Ob man eine Tierart für seinen Garten als Schädling betrachtet, hängt davon ab, wie viel Natur man bereit ist zuzulassen und welche Ziele man in seinem Garten verfolgt. Für den einen sind Schnecken und Raupen interessante Beobachtungsobjekte, für den anderen Konkurrenz um die wohlschmeckenden Salatblätter. Die Wege zur Bekämpfung nicht erwünschter Tierarten sind zahlreich, von der chemischen Keule bis hin zum zeitaufwendigen Absammeln von Hand. Im wirbellosenfreundlichen Garten sollte „Vorbeugen statt Bekämpfen" oberster Grundsatz sein.

In erster Linie zählt hierzu, den Artenreichtum und somit natürliche Regulationsmechanismen zu fördern. Viele Vögel fressen Insekten und deren Larven, für Maulwürfe, Igel und Erdkröten sind Schnecken ein Leckerbissen, ebenso für die Larven von Laufkäfern und Glühwürmchen. Viele Tiere, vor allem Schlupfwespen, parasitieren an anderen Arten. Marienkäfer und ihre Larven sowie die Larven von Schwebfliegen und Florfliegen verzehren Unmengen von Blattläusen. Viele solcher natürlichen Gegenspieler sind jedoch auch in naturnahen Gärten selten geworden. Mit sogenannter „Bekämpfung durch natürliche Feinde" versucht der Gartenfachhandel ein Geschäft zu machen. Doch Vorsicht: Einige Arten unter den angebotenen Marienkäfern, parasitischen Wespen, Nematoden, Milben und sogar Bakterien, die man als „Biologische Pestkontrolle" im Fachhandel erwerben kann, sind in unseren Gärten nicht heimisch und daher wenig „natürlich". Häufig werden solche Arten in geschlossenen Gewächshäusern des industriellen Pflanzenanbaus verwendet und bringen dort auch das gewünschte Ergebnis. Wie diese Arten im normalen Hausgarten wirken, sich evtl. vermehren und ausbreiten, ist kaum vorherzusagen, wie das Beispiel des Harlekin-Marienkäfers zeigt (s. S. 163).

Harlekin-Marienkäfer waren in Europa ursprünglich nicht beheimatet.

Sind bestimmte Tierarten trotz allem zu lästig, ist die beste Methode sie loszuwerden das Entfernen oder Absammeln von Hand. Wohin aber dann mit den mühsam gesammelten Schnecken, Käfern, Raupen und anderen Larven? Hierzu gibt es die unterschiedlichsten Vorschläge, vom Durchtrennen der Nacktschnecken mit der Gartenschere bis hin zum Überbrühen mit kochendem Wasser. Viele heimische Arten können in der „freien Natur" weit weg von Gärten vielleicht wieder freigelassen werden. Beispielsweise bei der Spanischen Wegschnecke (s. S. 45) raten Naturschützer und Gartenverbände jedoch dringend vom Transport an eine andere Stelle ab, wo sich die Tiere weiter verbreiten könnten, und empfehlen dann doch heißes Wasser.

Häufigste Pflanzenfresser: Schnecken

Die wohl bekanntesten Gartenschädlinge unter den Pflanzenfressern sind **Schnecken**, wobei nicht alle Arten gleich „schädlich" sind. Die meisten Gehäuseschnecken richten relativ wenig Schaden an. Gegen Schneckenfraß lässt sich auf vielerlei Weise vorbeugen, indem man den Schnecken den Zugang zu attraktiven Futterpflanzen versperrt. Mechanische Abwehrmaßnahmen wie Schneckenzäune aus Blech oder Kupferdraht, Kaffeesatz, Sägemehlwälle oder Kalkstreifen und zerbröckelte Eierschalen sind bekannte Mittel, die es auszuprobieren gilt. Schnecken mögen keinen trockenen Boden, sodass auch das Gießen einzelner Pflanzen statt flächendeckender Bewässerung helfen kann. Regengüsse machen jedoch viele Wirkungen zunichte.

Die gefleckte Weinbergschnecke zählt zu den gefräßigen Arten.

Methoden zur Bekämpfung von Schnecken im Garten sind zahlreich, am sichersten ist es jedoch, alle vorbeugenden Maßnahmen mit dem Absammeln von Hand zu kombinieren. Nachfolgend sind einige Beispiele genannt.

- **Schneckensicherer Zaun**, mindestens 10 cm tief im Boden und 15 cm hoch, Oberkante im 45-Grad-Winkel abgebogen; muss frei stehen, daher Pflanzen regelmäßig entfernen; im Zaun verbliebene Schnecken, v. a. auch unterirdisch lebende Nacktschnecken, regelmäßig absammeln.
- **Absammeln** um Mitternacht, bei Regen oder in den frühen Morgenstunden zwischen vier und sechs Uhr bringt größte Erfolge; evtl. Unterschlüpfe, z. B. kurze Bretter oder Borke mit oder ohne Futterköder anbieten und dort absammeln.
- **Ablenkungsfütterungen** z. B. mit Tagetes oder aufgeweichtem Katzenfutter haben möglicherweise den unerwünschten Nebeneffekt, nicht nur die „eigenen", sondern auch zusätzliche Schnecken aus Nachbargärten anzulocken, und sind nur sinnvoll, wenn die Schnecken regelmäßig eingesammelt werden.
- **Mechanische Abwehrstreifen** aus Sägemehl, Kaffeesatz, Branntkalk, Eierschalen etc.; um zu wirken, müssen Sperrstreifen etwa 30 cm breit, das Material in dicken Lagen ausgebracht sein und nach Regen erneuert werden.
- **Spätes Umgraben** im Winter bringt Schneckengelege und überwinternde Schnecken an die Oberfläche, wo sie abgesammelt oder von anderen Tieren gefressen werden können oder durch Frost zerstört werden.
- **Pflanzen vorziehen**, bis Stängel und Blätter stärker und für Schnecken weniger schmackhaft sind.
- **Schneckenresistentere Pflanzen**, z. B. Rollo Rosso statt Kopfsalat wählen.

Weitere Pflanzenschädlinge

Auch **Schmetterlingsraupen** und **Käfer** können einzelne Pflanzen kahl fressen. Da Raupen häufig gut getarnt und viele Käfer nachtaktiv sind, weisen erst welke Pflanzenteile und Kothaufen auf die Tiere hin. Im Gegensatz zu Maikäfern und Rosenkäfern, die als eher seltene Besucher im Garten fast schon mit Ehrfurcht betrachtet werden sollten, können Dickmaulrüssler oder Lilienhähnchen, wo sie vorkommen, durchaus zur Plage werden. Neben der Förderung natürlicher Feinde ist das bewährteste Mittel zur Bekämpfung von Raupen und Käfern das Absammeln von Hand.

Lilienhähnchen sammelt man am besten von den Pflanzen ab.

Blattläuse, Schildläuse und Spinnmilben lassen sich relativ leicht mechanisch von Pflanzen entfernen. Eine andere wirksame Methode ist das Besprühen mit Pflanzenjauche aus Brennnesseln oder Schachtelhalm. Frisch geschnittene Brennnesseln zerkleinern und mit kochendem Wasser aufgießen, danach etwa bis zum Verhältnis 100 g Pflanzen pro Liter Wasser auffüllen. Den Sud mehrere Wochen stehen lassen, gelegentlich umrühren. Die Flüssigkeit entwickelt nach einiger Zeit einen unangenehmen Geruch. Mit der abgeseihten Brühe die befallenen Pflanzenteile besprühen. Brennnesseljauche vertreibt Blattläuse und anderes Geziefer, beugt Wiederbefall vor und dient der Pflanze als Dünger.

Staaten bildende Insekten

Wespen auf dem Dachboden, **Hornissen** im Vogelnistkasten oder ein Schwarm **Bienen** im Garten werden häufig als Gefahr betrachtet. Nester dieser faszinierenden, Staaten bildenden Insekten dürfen nur von Fachleuten entfernt bzw. umgesiedelt werden, hierzu also unbedingt die örtliche Naturschutzbehörde, einen Naturschutzverband oder Imkerverein benachrichtigen (zum richtigen Umgang mit Wespen und Bienen s. a. S. 116).

Hornissen sind friedliche Tiere, solange sie nicht in der Nähe des Nestes gestört werden.

Wo eine **Ameise** ins Haus gelangt, können auch noch mehr kommen. Die Tiere richten zwar keinen Schaden an und sind für Menschen nicht gefährlich, Ameisen im Zuckertopf sind jedoch trotzdem nicht unbedingt wünschenswert. Vor allem geeignete Futterquellen locken Ameisen an, also möglichst keine offenen Lebensmittel in der Nähe von Türen oder Fenstern mit möglichem „Ameisenzugang" deponieren. Falls doch Ameisen ins Haus gelangt sind, reicht es meistens, die Zugangsstellen ausfindig zu machen und zu versiegeln sowie ggf. Fenster- oder Türdichtungen zu erneuern. Ob sich die Ameisen im Haus ein Nest angelegt haben, kann man auf folgende Weise herausfinden: im Haus den Ameisenweg erkunden (Fugen, Steckdosen, Hohlwände u. ä.) und die Straße zum eigentlichen Nest verfolgen; Futterangebote (Obst, Zucker, Honigtau an Topfpflanzen, etc.) entfernen; den Boden mit einem wirksamen Mittel reinigen, um die Duftspur zu entfernen oder zu stören (evtl. mit „Fremdduft", z. B.

Deodorant, überdecken). Verschwinden die Ameisen nicht von selbst, könnte sich ein Nest im Haus befinden. Dann sollte man aber besser einen Fachmann um Beratung bitten, anstatt selbst eine Umsiedelung zu versuchen.

Neozoen – heimliche Einwanderer

Seit den Eroberungszügen der Wikinger, spätestens aber seit der Entdeckung Amerikas durch Christoph Kolumbus im Jahr 1492 werden immer wieder Tierarten von Menschen aus ihrem angestammten Verbreitungsgebiet in neue Gegenden verfrachtet, entweder absichtlich, wie beispielsweise der Fasan aus Mittelasien, oder unabsichtlich, z. B. an Bord von Schiffen und mit Gütern.
Tierarten, die nach 1492 (1500) in neue Gebiete eingeführt wurden, dort Bestände aufbauen und seit mehr als drei Generationen oder länger als 25 Jahre ohne menschliches Zutun überleben konnten, werden als **Neozoen** (griech.: neue Tiere) bezeichnet.
Neozoen haben in ihrer „neuen Heimat" vorerst meist keine natürlichen Feinde und besitzen nicht zuletzt dadurch Konkurrenzvorteile gegenüber heimischen Arten. Gebietsfremde Arten, die sich in unerwünschter Weise auf andere Arten, Lebensgemeinschaften oder Lebensräume auswirken, z. B. durch Verdrängen einheimischer Arten, bezeichnet man als invasiv.
Wirbellose werden häufig zusammen mit Pflanzen oder in Pflanzensubstraten sowie über Obst und Gemüse vertragen. Globalisierung und weltweiter Handel mit Warengütern können so große Probleme für den Naturschutz mit sich bringen. Nachfolgend sind einige Beispiele aus der Wirbellosenwelt kurz beschrieben.

Asiatischer Marienkäfer, Harlekin-Marienkäfer

Ein Beispiel für alarmierende Folgen bei der Verwendung nicht heimischer Arten in der biologischen Schädlingsbekämpfung ist die Verbreitungsgeschichte des Harlekin-Marienkäfers *Harmonia axyridis*. Das natürliche Verbreitungsgebiet dieser Marienkäferart erstreckt sich von Zentralsibirien über Kasachstan und den Osten Russlands bis zum Pazifik sowie Japan und China, Korea, Taiwan und die südliche Mongolei bis in den Himalaja. Da Harlekin-Marienkäfer pro Tag etwa fünfmal so viele Blattläuse wie die gleich großen, in Mitteleuropa heimischen Siebenpunkt-Marienkäfer fressen, wurden sie seit den 1980er-Jahren zur biologischen Schädlingsbekämpfung in Gewächshäusern vor allem in Belgien, Holland, Frankreich und Deutschland sowie Nordamerika eingesetzt, von wo aus sich die Art weiter verbreiten konnte. In Deutschland werden Harlekin-Marienkäfer seit der Jahrtausendwende auch im Freiland angetroffen. Mittlerweile sind die Käfer flächendeckend zu finden und gelten als häufigste Marienkäferart in Deutschland.

Harlekin-Marienkäfer kommen in zahlreichen Farbvarianten vor, sind aber immer größer als 5 mm. Das linke Bild zeigt die Puppe.

Harlekin-Marienkäfer sind mit 6 bis 8 mm relativ große Marienkäfer mit fast halbkugeligem Körperbau. Die Tiere können sehr unterschiedlich gefärbt und gemustert sein, von hell gelb-oranger bis zu orange-roter, roter oder schwarzer Grundfarbe mit 0 bis 21 rot-orangen oder schwarzen Punkten oder Gittermustern auf den Flügeldecken. Diese Vielfalt hat der Art auch den Beinamen „Vielfarbiger Marienkäfer" eingebracht. In Großbritannien, wo die Bevölkerung mehrere Jahre dazu aufgerufen war, Harlekin-Marienkäfer bei der eigens zur Beobachtung der Art eingerichteten Stelle „Harlequin-Ladybird Survey" zu melden, sind die häufigsten Erscheinungsbilder orange Grundfarbe mit 15 bis 20 schwarzen Punkten und schwarze Grundfarbe mit zwei oder vier roten oder orangen Punkten (weitere Infos unter ***www.coleoptera.org.uk/coccinellidae/home***). Das Rückenteil der Vorderbrust (Pronotum) ist weiß oder cremefarben mit schwarzer Zeichnung. Neben Größe und Form sind die fast immer braunen Beine ein wichtiges Erkennungsmerkmal. Die Larven der Harlekin-Marienkäfer sind wie die des Siebenpunktes von grau-blauer Grundfarbe mit oranger Zeichnung, die beim Siebenpunkt aus Punkten, beim Harlekin-Marienkäfer aus Streifen an den Längsseiten besteht. Harlekin-Marienkäfer bringen pro Jahr mindestens zwei, häufig drei oder vier Generationen hervor.

Die Hauptnahrung der Harlekin-Marienkäfer, wie vieler anderer Marienkäferarten auch, sind Blattläuse. Bei Mangel an solchen werden aber auch die Eier und Larven anderer Insektenarten bis hin zu den Larven anderer Marienkäferarten gefressen. Aufgrund ihrer Größe und ihres Heißhungers stellen Harlekin-Marienkäfer für heimische Marienkäferarten eine starke Konkurrenz dar und verdrängen viele Arten. Harlekin-Marienkäfer schmecken sehr bitter, wie französische Winzer erfahren mussten, nachdem einige zwischen Trauben überwinternde Käfer mit in die Weinpresse zur Herstellung von Spätlese geraten waren und den Wein ungenießbar machten. Viel wichtiger ist jedoch, dass der bittere Geschmack die Käfer als Nahrung für andere Tiere abwertet und Harlekin-Marienkäfer in Europa keine natürlichen Fressfeinde haben. Diese Tatsache, zusammen mit dem hohen Vermehrungspotenzial, ermöglichte der Art die rasche Ausbreitung. Auch Nordamerika wurde von Harlekin-Marienkäfern erfolgreich besiedelt. Hier werden die Käfer Halloween-Ladybird („Ladybird" = englisch für „Marienkäfer") genannt, da sie Ende Oktober zahlreich auf der Suche nach Gemeinschaftswinterquartieren in die Häuser kommen. Gerüchten zufolge züchtet die französische Firma, die neben anderen für die Einführung von Harlekin-Marienkäfern zur Schädlingsbekämpfung nach Europa verantwortlich war, nur noch gentechnisch veränderte, flügellose Exemplare, die angeblich für die Natur keine Gefahr darstellen ...

Wichtigste Erkennungsmerkmale und Verwechslungsmöglichkeiten von Marienkäfern

Kleiner als 5 mm = kein Harlekin-Marienkäfer

Größer als 5 mm, fast halbkugelförmig, Pronotum weiß oder cremefarben mit schwarzer Zeichnung, braune Beine = Harlekin-Marienkäfer.

Größer als 5 mm und
- genau sieben schwarze Punkte auf roten Flügeldecken = **Siebenpunkt** *Coccinella septempunctata*
- weinrot mit genau 15 Punkten = **Augenmarienkäfer** *Anatis ocellata*
- weiße oder cremefarbene Punkte = **Blattfloh-Marienkäfer** *Calvia quatuordecimguttata*, **Sechszehnpunkt-Marienkäfer** *Halyzia sedecimguttata* oder **Längsfleckiger Marienkäfer** *Myzia oblongoguttata*
- orangefarbenes Brustschild, fein behaart = **Zaunrüben-Marienkäfer** *Henosepilachna argus*

Rosskastanien-Miniermotte, Balkan-Miniermotte

Seit etwa drei Jahrzehnten macht ein Kleinschmetterling in Deutschland Schlagzeilen. Obwohl die nur 5 mm große Rosskastanien-Miniermotte *Cameraria ohridella* als ausgewachsenes Insekt eher wenig Beachtung findet, ist das Schadbild ihrer Larven mittlerweile im wahrsten Sinne des Wortes stadtbekannt. Miniermotten legen ihre Eier auf Blätter, in deren Innerem die Larven dann Gänge und Plätze („Minen") fressen, in denen sie sich auch verpuppen. Die feinen Gänge sind gut zu sehen – wenn man die Blätter gegen das Licht betrachtet, kann man auch die Raupe erkennen, sofern sie noch im Blatt ist. Die Rosskastanien-Miniermotte bevorzugt die Blätter der Gewöhnlichen Rosskastanie *Aesculus hippocastanum*, die in fast allen Städten als beliebter Park- und Gartenbaum weit verbreitet ist. Bei starkem Befall trocknen die Blätter aus, verbräunen und fallen vorzeitig ab.

Die Rosskastanien-Miniermotte wurde erstmals 1984/85 in Mazedonien am Ohridsee entdeckt, von wo aus sich die Art rapide nach Westen ausbreitete. Auf dem Balkan liegen die einzigen nacheiszeitlichen Rückzugsgebiete, in denen Gewöhnliche Rosskastanien inselartig natürlich vorkommen. Sonstige Verbreitungsgebiete von Rosskastanien liegen in Ostasien und Nordamerika. Im übrigen Europa wurde die Baumart seit dem 16. Jahrhundert als Zierpflanze eingeführt. Weshalb die eng an Rosskastanien gebundene Rosskastanien-Miniermotte bis vor wenigen Jahren unentdeckt bleiben konnte, ist nicht geklärt. Das Insekt könnte zusammen mit der Wirtsbaumart als Eiszeitrelikt überlebt und erst nach einer extremen Massenvermehrung im natürlichen Verbreitungsgebiet der Rosskastanie in jüngster Zeit Beachtung gefunden haben. Dagegen würde jedoch sprechen, dass diese Miniermottenart in Europa so gut wie keine natürlichen Feinde und Konkurrenten hat. Zwar parasitisieren einige Schlupfwespenarten an Rosskastanien-Miniermotten, allerdings mit sehr geringem Effekt auf den Gesamtbestand. Auch die Tatsache, dass die Wirtsbaumart bereits seit Jahrhunderten in Europa künstlich verbreitet, die Miniermotte dem Trend jedoch nicht gefolgt ist, widerspricht der Theorie vom Eiszeitrelikt. Die Möglichkeit der Einschleppung der Rosskastanien-Miniermotte aus Amerika oder Asien auf den Balkan, von wo sich der Kleinschmetterling dann schnell ausbreiten konnte, wird daher nicht ausgeschlossen.

Deutlich sind die Gänge und Minen der Raupen von Rosskastanien-Miniermottenlarven im Kastanienblatt zu erkennen.

Nach Angaben des Lehrstuhls für Tierökologie der TU München besteht beim Befall mit Rosskastanien-Miniermotten keine akute Gefahr für die Bäume, da der Stoffwechsel der Pflanzen relativ gering beeinträchtigt wird. Stark befallene Kastanienbäume produzieren jedoch kleinere und weniger Früchte und sind anfälliger gegenüber anderen Krankheiten wie z. B. Blattpilzen. Stress zeigt sich auch durch Blütentreiben im Herbst (Notblüte). Obwohl hauptsächlich die Gewöhnliche Rosskastanie befallen wird, bleiben auch Bergahorn und Walnuss nicht verschont, sofern sie in der Nähe von Kastanien wachsen. Einzig die rot blühende Rote Rosskastanie *Aesculus x carnea* glänzt bis zum Herbst mit grüner

Blätterpracht. Zwar werden auf den Blättern ebenfalls Miniermotten-Eier abgelegt, Wirkstoffe in den Blättern verhindern jedoch ein Aufwachsen der Raupen.
Frühzeitiger Laubfall bei den großblättrigen Kastanien verursacht in Gemeinden und Städten hohe Kosten bei der Beseitigung des Laubes und Kompostierung in großen Kompostieranlagen, der derzeit einzigen wirksamen Methode, die Bestände der Rosskastanien-Miniermotte einzudämmen. Der Kleinschmetterling produziert zwei bis drei Generationen pro Jahr, die Puppen der letzten Generation im Herbst (September) überwintern im heruntergefallenen Laub. Anwendungen von Impfstoffen, die über das Leitsystem der Bäume bis in die Blätter gelangen und die Mottenlarven schädigen, zeigen Erfolge, sind aber noch in der Versuchsphase. Vor allem auch die Pharmaindustrie ist an einer Bekämpfung der Miniermotten interessiert, da Inhaltsstoffe der Kastanienfrüchte in zahlreichen Medikamenten Verwendung finden.
Seit wenigen Jahren haben Meisen die Miniermotten als Nahrungsquelle entdeckt und können dabei beobachtet werden, wie sie die kleinen Larven aus den Blättern picken.

Buchsbaumzünsler

Auch der Buchsbaumzünsler (*Cydalima perspectalis*), der seit 2006 ganze Hecken des auch in Deutschland heimischen Gewöhnlichen Buchsbaumes zum Absterben gebracht hat, wurde wahrscheinlich über Containerschiffe aus Ostasien nach Mitteleuropa gebracht. Der unscheinbar weiß, schwarz und braun gemusterte Falter mit einer Spannweite von etwa 4 cm legt seine Eier auf der Unterseite der Blätter von Buchsbäumen ab, wo die Raupen zunächst die Blätter, dann auch Rinde und Äste fressen. Sobald die Leitungsbahnen gestört sind, stirbt die Pflanze oberhalb der Fraßstelle ab. Die bis zu 5 cm langen grünen, schwarz gepunkteten Raupen verpuppen sich in einem Gespinst. Vom Frühjahr bis zum Spätsommer schlüpfen zwei bis vier Generationen. Die Lebensdauer als Falter beträgt nur neun Tage, aber ein Weibchen kann bis zu 150 Eier legen. Begünstigt wird die Entwicklung durch Temperaturen zwischen 18 und 30 °C, wie sie in den vergangenen Jahren häufiger vorkamen. Die letzte Generation überwintert zwischen den Blättern. Seit 2015 ist der Buchsbaumzünsler in Deutschland und angrenzenden Ländern flächendeckend verbreitet. Zur Bekämpfung werden u.a. vorbeugend Pflanzenschutznetze sowie bei akutem Befall chemische und biologische Pestizide angeboten. Sinnvoller ist, wo möglich, jedoch ein Absammeln der Raupen von Hand und Entfernen von Winternestern – auch wenn die Pflanze dann wahrscheinlich schon geschädigt ist, wird eine Ausbreitung verhindert. Die Raupen kann man sogar Vögeln als Lebendfutter anbieten, ähnlich wie Mehlwürmer, in glatten Schalen mit hohem Rand. Ein Befall ist zu Beginn jedoch schwierig feststellbar, da die Tiere im unteren und inneren Bereich der Buchsbäume zuschlagen. Weitere Infos z.B. unter ***www.buchsbaumzuensler.net/***.

Buchsbaumzünsler-Raupen sind häufig erst in älteren Stadien gut sichtbar.

Weitere Beispiele für eingewanderte Insektenarten

Der **Asiatische Laubholzbockkäfer** (*Anoplophora glabripennis*) ist eine aus Asien eingeschleppte Käferart, die bei uns fast alle heimischen Laubholzarten gefährdet. Der Käfer befällt gesunde Bäume und kann diese bei starkem Befall zum Absterben bringen. Derzeit sind Vorkommen in mehreren Landkreisen in Bayern sowie einzelne weitere im Bundesgebiet bekannt. Zum Schutz unserer heimischen Laubholzarten wird sehr intensiv gegen den Asiatischen Laubholzbockkäfer vorgegangen, indem befallene Bäume konsequent beseitigt werden.

Die **Marmorierte Baumwanze** (*Halyomorpha halys*) wurde ebenfalls aus Asien nach Europa vertragen und hat sich in den letzten Jahren ausgebreitet. Wegen der Ähnlichkeit im Aussehen zu den verwandten heimischen Arten Rotbeinige Baumwanze und Graue Gartenwanze (s. S. 82) wird sie anscheinend häufig übersehen. Ein Erkennungsmerkmal sind die namengebenden hellen Flecken auf dem Rücken, die in einer Linie am Halsschild verlaufen, sowie Streifen auf den transparenten Flügelteilen. Die heimischen Arten sind ungefleckt mit gepunkteten Flügelteilen. Wanzen ernähren sich von Pflanzensäften, wobei das Spektrum der Wirtspflanzen bei der Marmorierten Baumwanze breit gefächert ist und viele Kulturpflanzen wie z. B. Paprika, Tomate, Birne und Apfel einschließt. Bemerkenswerterweise ist v. a. der Rheingraben stark betroffen – möglicherweise ein Hinweis auf günstige Ausbreitungsbedingungen durch den Klimawandel (s. S. 25). Im Oberrheingraben findet sich immer häufiger eine weitere Wanzenart, die **Grüne Reiswanze** (*Nezara viridula*) aus Ostafrika. Neben Zierpflanzen, Acker- und Obstbau sind v. a. Gemüsekulturen befallen. Im Gegensatz zur heimischen Grünen Stinkwanze mit transparent-braunem Flügelteil ist die Grüne Reiswanze komplett grün mit feinen Punkten entlang der Hinterkante des Halsschildes.

Ohne Gifteinsatz im Garten kann man vielleicht sogar einmal „neue" Arten entdecken.

Geheimnisvolles Insekt im Garten des Natural History Museums

Noch extravaganter ist vielleicht das Beispiel einer geheimnisvollen Wanzenart, die vor den Türen der vielleicht renommiertesten Artenkundler weltweit, im Garten des Natural History Museums in London, auftauchte. Erstmals wurde das etwa reiskorngroße Insekt im März 2007 auf den Samen von über hundert Jahre alten Platanen gefunden. Nur drei Monate später war die Art die häufigste Wanze des Geländes! Seitdem wurde das Insekt auch in anderen Grünflächen Londons gesichtet.
Trotz einer Sammlung von über 28 Millionen beschriebener Insektenindividuen verfügt das Natural History Museum über kein Exemplar, das dieselben Merkmale wie die geheimnisvolle Wanze aufweist. Vor allem wegen des Fundortes sind die Wissenschaftler jedoch vorsichtig, eine neue Art zu identifizieren – neue Arten werden in den Tiefen von Regenwäldern entdeckt, nicht aber mitten in London...
Die kleine rot-schwarze Wanze könnte mit einer anderen in Zentraleuropa vorkommenden Wanzenart, *Arocatus roeselii,* nahe verwandt sein. *A. roeselii* ist jedoch eng an Erlen gebunden.
Wissenschaftler des Nationalmuseums Prag fanden eine Wanze, auf die dieselbe Beschreibung passt wie auf die „englische", konnten die Art aber ebenso wenig genau bestimmen. Die Forscher haben bisher zwei Erklärungen für das Auftauchen dieser Insekten entwickelt. Zum einen könnte die Wanze der Art *A. roeselii* zugeordnet werden und durch den Wechsel der Wirtsbaumart von Pappel zu Platane von besseren Lebensbedingungen profitieren. Dadurch ließe sich die Häufigkeit sowie die Konkurrenzfähigkeit erklären. Zum anderen handelt es sich möglicherweise doch um eine ganz andere, bisher nicht beschriebene Insektenart, die vielleicht auch in Hausgärten zu beobachten sein könnte.

Licht

Licht beeinflusst in erheblichem Maße wichtige Abläufe im Tages- und Jahresrhythmus von Lebewesen, z. B. Nahrungssuche, Fortpflanzung oder Winterruhe. Ihre „Innere Uhr" ist darauf eingestellt bzw. angepasst. Künstliche Lichtquellen können diese Rhythmen empfindlich stören. Daher sollte in natürlichen Lebensräumen so weit wie möglich darauf verzichtet werden. Etwa 90 Prozent aller in Deutschland vorkommenden Schmetterlinge sind nachtaktive Nachtfalter, die sich u. a. mithilfe des Mondes orientieren. Werden sie stattdessen von Lampen angezogen, kann das auf unterschiedliche Weise enden, vom erschöpfenden Umkreisen der Lichtquelle bis hin zum Verbrennen innerhalb von Gehäusen mit heißen Leuchtstoffen. LED-Lichter sind hier freundlicher, da keine Wärme entsteht.
Im insektenfreundlichen Garten sollte so wenig Licht wie möglich eingesetzt werden. Wo Hauseingänge, Kellertreppen oder Wege beleuchtet sein müssen, kann die Wirkung durch einfache Maßnahmen dennoch gering gehalten werden.

- **Zeitschaltuhren und Bewegungsmelder** verwenden; es wird hell, wenn Licht benötigt wird
- **Lichtkegel auf zu beleuchtenden Bereich beschränken**, nicht nach oben richten
- **Pflanzen nicht von unten anleuchten**
- **Lampen mit geschlossenen Gehäusen verwenden**, sodass keine Falle für neugierige Insekten entsteht
- v. a. in der insektenreichen Zeit von April bis Oktober **sparsam mit Licht umgehen**
- **„warmweiße" LED-Leuchten** mit einer Farbtemperatur von max. 3.000 Kelvin wählen; ggf. gelbe, orange oder rötliche Lichtfarben

Ungeeignet sind Lampen mit Lichtfarben im UV- und Blau-Bereich über 3.000 Kelvin; auf diesen Strahlungsbereich reagieren Insekten empfindlich. Völlig überflüssig sind im insektenfreundlichen Garten die mittlerweile sehr beliebten und oft kostengünstigen Solarleuchten zu Dekorationszwecken.

Wirbellose unter der Lupe – nicht nur für Kinder

Es lohnt sich, in die Welt der Wirbellosen etwas genauer einzutauchen und die unglaubliche Vielfalt an Formen, Farben und Gestalten zu erfahren. Schon wenn man an einem schönen, warmen Frühsommertag in seinem (insektenfreundlichen) Garten sitzt, ohne besonders aufmerksam zu beobachten, wird man feststellen, dass eine Vielzahl kleiner Tiere um einen herumfliegt oder krabbelt. Zumindest die allgemein bekannten aus der Reihe der Bienen und Hummeln, Ameisen und Käfer fallen sofort auf. Mit sehr geringem Aufwand kann dieses Erlebnis noch vertieft und mit einfacher Ausrüstung Lebensweisen und interessantes Verhalten der Tiere beobachtet werden.

Als oberstes Gebot hierbei gilt, die Tiere nicht zu schädigen oder gar zu töten – es ist nicht unbedingt notwendig, jedes Lebewesen zu fangen und unter der Lupe eingehend zu betrachten.

Ausrüstungsgegenstände und deren Gebrauch

Wichtigste Ausrüstung bei der hobbymäßigen Erforschung der Wirbellosen sind die eigenen Augen. Viele Wirbellose lassen sich mit bloßem Auge ohne Probleme bei ihrem Tagwerk begleiten. Hierzu kann man sich auch „auf die Lauer legen", beispielsweise neben einem blühenden Sommerflieder, der von vielen verschiedenen, relativ leicht bestimmbaren Schmetterlingen angeflogen wird. Oder man legt sich auf einer Rasenfläche flach auf den Bauch und trainiert das Auge auf die vielen kleinen Bewegungen, die sich im Sichtfeld abspielen. Eine genaue Bestimmung einzelner Tiere ist dabei in den meisten Fällen nur dem sehr geübten Hobby-Naturwissenschaftler möglich. In solchen Situationen wird speziellere Ausrüstung erforderlich.

Aktion für Kinder: Naturforscher
Alle „Naturforscher" legen sich flach auf den Rasen und warten, bis ein bisher unbekanntes oder besonders interessantes Krabbeltier vorbeikommt. Von dieser „Neuentdeckung" wird eine kleine Zeichnung angefertigt. Mit viel Fantasie erhält das Tier einen Namen, eine tolle Lebensweise, Lebensraum und Nahrung können erfunden werden. Danach wird dann mithilfe von Bestimmungsbüchern festgestellt, um welches Tier es sich tatsächlich handelt.

Behälter

Behälter sind dazu gedacht, Tiere festzuhalten und – vielleicht sogar mithilfe eines Vergrößerungsglases – genauer zu betrachten. Für Beobachtungen eignen sich am besten durchsichtige Behälter mit senkrechten Seiten. Licht und Belüftung dürfen hierbei nicht vergessen werden. Insekten, insbesondere solche mit großen Flügeln wie Schmetterlinge, überträgt man am besten in Behälter mit undurchsichtigen Seiten und durchsichtigem Boden. Während die Tiere dem Licht zustreben, kann der Behälter verschlossen werden, ohne dabei Flügel, Beine oder Fühler zu zerdrücken.
Neben im Fachhandel angebotenen Dosen und Schachteln lassen sich viele Verpackungen täglicher Gebrauchswaren bei der Erforschung kleiner Krabbeltiere verwenden, vom Margarinetopf über Papprollen bis hin zur Wattestäbchen-Dose. Ein feinmaschiges Netz (alte Gardine) und Gummibänder eignen sich gut zum luftdurchlässigen Verschließen vieler Behälter.
Zum Sammeln von leeren Schneckenhäusern, toten Käfern, den Larvenhüllen von Libellen und sonstigen nicht-lebenden Dingen sind kleine Behälter aus Plastik (klassische Filmdose) oder Karton (Streichholzschachtel) und etwas Watte praktisch.

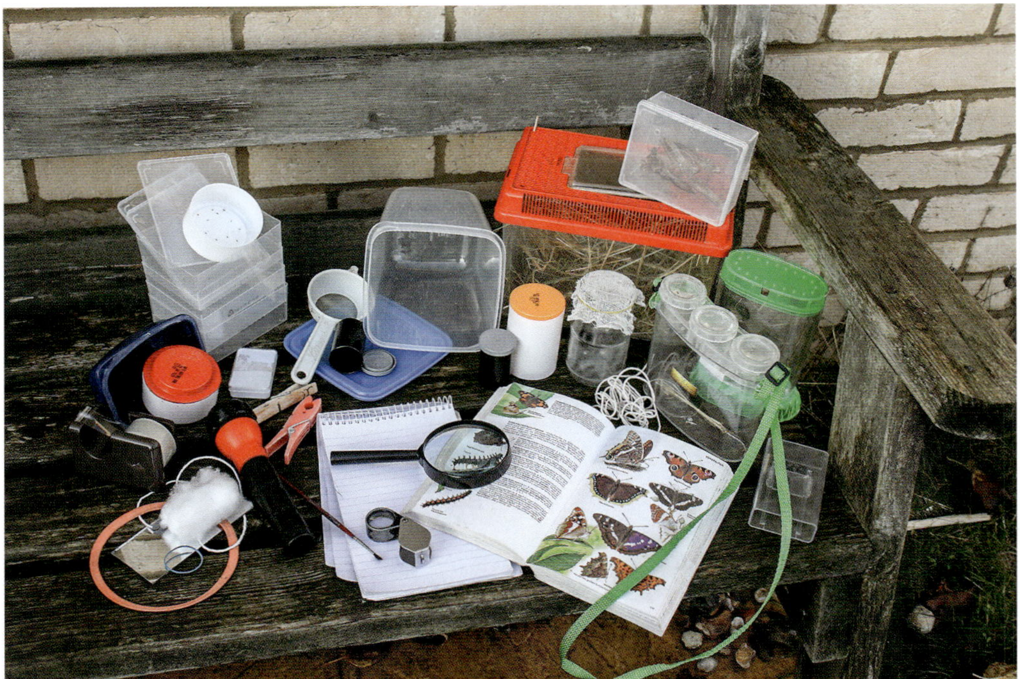

Ein Sortiment verschiedener Behälter und Ausrüstungsgegenstände ermöglicht das genauere Betrachten vieler Wirbelloser.

Vergrößerungsgläser

Da die meisten Wirbellosen relativ klein sind, benötigt man zur näheren Betrachtung meist eine Lupe. Welches von den zahlreichen im Handel angebotenen Vergrößerungsgläsern man zu diesem Zweck benutzt, hängt in erster Linie vom persönlichen Geschmack ab. Eine typische „Detektiv"-Lupe ist sicher leichter zu handhaben als eine kleine zusammenklappbare Lupe. Diese passt jedoch in jede Tasche. Für den Krabbeltier-Forscher ist eine Lupe mit 10-facher Vergrößerung am geeignetsten. Über Qualitäten, Pflege und Preise informiert man sich am besten direkt beim Fachhändler.

Becherlupen

Vor allem für Kinder sind Behältnisse mit eingebauter Lupe leicht zu handhaben. Das interessante Tier kann direkt in den Becher gebracht und durch das Vergrößerungsglas im Deckel betrachtet werden. Oft sind solche Becherlupen mit unterschiedlichen Vergrößerungen sowie einem Raster zum Größenvergleich ausgestattet.

Neben diesen typischen Geräten und Behältern können noch einige andere „Werkzeuge" von Nutzen sein. Mithilfe einer kleinen Taschenlampe oder eines kleinen Taschenspiegels kann man Ritzen und kleine Höhlungen ausleuchten. Haarpinsel und Zahnstocher ebenso wie ein Paar Löffel leisten beim Übertragen von Tieren in Behälter große Dienste.

Notizbuch, Bleistift und Klebefilm

Nicht immer ist dem Hobby-Naturforscher die sofortige Bestimmung eines kleinen Tierchens möglich. Auf Spaziergängen beispielsweise, wenn man die Tiere nicht einfach in einem Behälter mit ins Haus holen kann oder kein Bestimmungsbuch zur Hand ist, kann es hilfreich sein, sich von einem Käfer oder Schmetterling eine schnelle Zeichnung zu machen. Dabei kommt es nicht so sehr auf die Detailgenauigkeit an als vielmehr darauf, markante Merkmale festzuhalten, wie Muster in der Flügeldecke oder Formen von Fühlern, Größenverhältnisse zwischen einzelnen Körperteilen oder Umrisse. Später kommt man anhand der Zeichnungen leichter zu einem Ergebnis. In ein Notizbuch können auch „echte" Ergänzungen wie z. B. die besonders schön schillernde Flügeldecke eines tot gefundenen Käfers mit aufgenommen werden, hier kommt Klebefilm zum Einsatz. Solche vielleicht über Jahre geführte Skizzenbücher werden so zu richtigen Schätzen.

Fangmethoden, Fallen und andere besondere Beobachtungsvorrichtungen

Viele Wirbellose gehen einer eher versteckten Lebensweise nach, sei es, dass sie nachtaktiv oder gut getarnt sind oder sich nur bei bestimmter Witterung aus ihren Verstecken wagen. Vertreter dieser Arten kann der interessierte Naturkundler dennoch mit recht geringem Aufwand beobachten.

Netze

Netze sind sicherlich das Fanggerät, das man am ehesten zum Fangen von Insekten in Betracht zieht. Durch einfaches Hin- und Herschwingen eines Netzes können die geflügelten Wirbellosen jedoch allzu leicht verscheucht oder sogar verletzt werden. Zum Netz sollte wirklich nur der ernsthaft an der Bestimmung von Arten interessierte Hobbyforscher greifen. Netze dienen dazu, auf Pflanzen sitzende Insekten aufzugreifen oder sie im Flug sanft von hinten her einzufangen. Einmal im Netz wird durch Drehen des Griffes das Netz umgeschlagen und so das Tier gefangen gehalten. Zur genaueren Betrachtung kann nun das Objekt in einen geeigneten Behälter übertragen werden. Insektennetze werden im Fachhandel in unterschiedlichen Ausführungen angeboten.

Klopfen

Eine gängige Methode zum Sammeln gehölzbewohnender Wirbelloser wie z. B. Raupen, Wanzen und Käfer ist das sogenannte Klopfen. Neben einem geeigneten Stock benötigt man hierzu eine Auffangvorrichtung vorzugsweise in weißer Farbe, beispielsweise ein großes Stück Karton, ein Tablett, Bettlaken oder ein im Fachhandel erworbenes „Klopftuch". Das Klopftuch wird unter dem entsprechenden Busch ausgelegt oder gehalten, dann wird mit dem Stock kräftig auf das Gehölz geschlagen. Hierbei sollte man nicht zu zimperlich vorgehen, denn manche Raupen und andere Krabbeltiere halten sich bei zaghaftem Erschüttern der Blätter und Zweige, auf denen sie sitzen, nur noch fester. Die Tiere fallen in die Auffangvorrichtung und sind auf dem weißen Untergrund gut zu sehen.

Siebe

Viele bodenbewohnende Wirbellose sind so schnell, dass man ihrer durch einfaches Graben und Fangen mit der Hand nicht habhaft wird. Um im Boden und in der Bodenstreu lebende Krabbeltiere zu sammeln und genauer unter die Lupe nehmen zu können, werden sie aus dem Substrat einfach ausgesiebt. Der Fachhandel bietet hierzu Siebe mit unterschiedlichen Rastergrößen an, aber auch Haushaltsgegenstände oder aus feinem Drahtgeflecht und Holzleisten selbst hergestellte Siebe finden hier Anwendung. Um die ausgesiebten Tiere an der schnellen Flucht zu hindern, leisten Auffangbeutel oder große Behälter mit hohen Seitenwänden gute Dienste.

Exhaustor

Zum Einfangen sehr kleiner, schneller Lebewesen benutzt man am besten einen Exhaustor (engl. „pooter"). Mithilfe dieses Gerätes wird das entsprechende Tier in einen kleinen Behälter gesaugt, in dem es dann genauer unter die Lupe genommen oder in einen anderen Behälter übertragen werden kann. Exhaustoren werden im Fachhandel angeboten, können aber auch leicht selbst hergestellt werden. Größere Tiere und solche mit langen Beinen oder Flügeln dürfen auf keinen Fall mit einem Exhaustor gefangen werden, da hier die Gefahr der Beschädigung der Tiere besteht. Zu heftiges Ansaugen kann zerbrechlichere Kleinstlebewesen ebenfalls beschädigen. Um einen Eindruck zu bekommen, ist es ratsam, das Ansaugen erst mal mit Papierschnipseln zu üben. Ameisen sollte man ebenfalls nicht per Exhaustor fangen – die mit Sicherheit ausgeschiedene Ameisensäure ist für den Naturforscher eher unangenehm. Nicht zuletzt sollten auch Schnecken und „kompaktere" Lebewesen, die möglicherweise im Röhrchen feststecken könnten, wenn nötig auf andere Weise gesammelt werden.

Bauanleitung Exhaustor

Material:

- durchsichtiger Behälter mit leicht zu öffnendem Deckel (z. B. Gewürzglas)
- 50 cm durchsichtiger Plastikschlauch, Ø 5 mm
- farbiges Klebeband
- Gummiband
- feinmaschiger Stoff

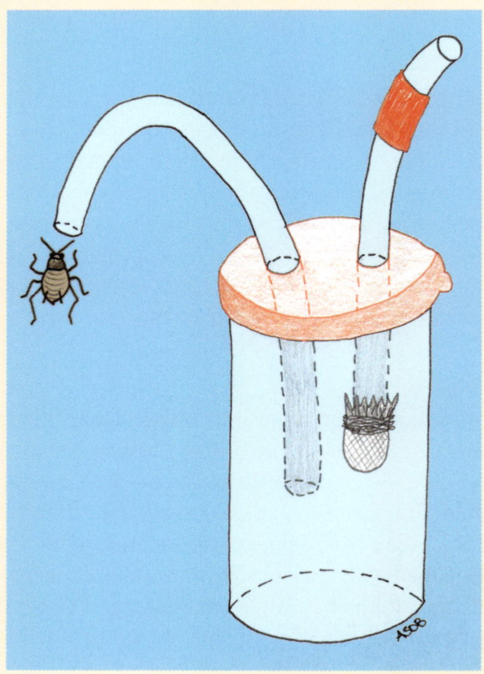

In den Deckel des Glases zwei Löcher bohren, in die der Plastikschlauch nahtlos hineinpasst. Den Plastikschlauch in ein 20 cm und ein 30 cm langes Teil schneiden und durch die Löcher stecken, sodass sie etwa zur Hälfte in das Glas ragen. Die untere Öffnung des kurzen Schlauches mit Stoff und Gummiband verschließen, am Schlauchende außerhalb des Glases farbiges Klebeband anbringen (hierdurch wird der Ansaugschlauch markiert). Den so präparierten Deckel auf das Glas setzen. Durch Ansaugen am farbmarkierten Schlauch können nun kleine Tiere über den anderen, längeren Schlauch in das Glas gesaugt werden. Der Stoff verhindert hierbei, dass sich das kleine Lebewesen auf der Zunge des Ansaugenden wiederfindet.

Becherfallen

Becherfallen (engl. „pit-fall“ trap; pit = Grube) sind Mini-Fallgruben. Sie bestehen aus im Erdboden eingelassenen Behältern, in die vorbeikommende Tiere einfach hineinfallen. Bei wissenschaftlichen Erfassungen von Bodenlebewesen wird die klassische Becherfalle nach Herbert Spencer Barber (1882–1950) in der Regel mit einer Alkohollösung gefüllt, in der die Tiere ertrinken und gleichzeitig konserviert werden. Für den Hobby-Naturforscher sollte es genügen, einige wenige aus der Fülle der vorkommenden Arten im Becher ohne Verwendung z.T. schädlicher Stoffe zu finden. Auch können Experimente mit unterschiedlichen Lockmitteln wie Fleisch oder Obst zu erstaunlichen Ergebnissen führen. Becherfallen sollten nicht zu lange unkontrolliert bleiben, da evtl. feindlich gesinnte Arten gleichzeitig darin gefangen sein können. Die einfachste Becherfalle besteht aus einem in den Erdboden eingelassenen, oben offenen Behälter wie beispielsweise einem Blumentopf. Bei dieser einfachen Falle besteht die Gefahr, dass auch andere Tiere, z. B. Mäuse oder Frösche, im Behälter gefangen werden. Aus einer leeren Plastikflasche lässt sich eine Falle herstellen, in die durch einen Trichter nur kleinere Tiere gelangen. Von einer Plastikflasche wird das obere Drittel abgeschnitten und der untere Teil bis zum Rand in den Erdboden eingegraben. Nun wird der obere Teil der Flasche umgekehrt in den unteren gestellt, sodass ein Trichter entsteht. Am Rand des „Trichters“ kann man evtl. noch eine Kletterhilfe für Mäuse und Frösche anbringen, damit gegebenenfalls ein Ausstieg erleichtert wird. Zum Schutz (beispielsweise vor Regen) wird die Falle mit einem Holzbrett, Borke o. Ä. abgedeckt.

Spinnennetzrahmen.

Spinnennetzrahmen

Auch wenn Spinnen allgegenwärtig sind, ihre kunstvollen Netze bauen sie doch oft an eher unbequem einzusehenden Plätzen. Ein einfacher Rahmen aus Holzleisten oder dünneren Ästen mit einem Griff zum Aufstellen und späteren Festhalten kann hier Abhilfe schaffen. Der Rahmen wird an einer bekannten „Spinnenstelle“ aufgestellt. Hat dann im Laufe eines Tages eine Spinne ihr Netz darin gesponnen, kann das gesamte Gebilde leicht an einen zur genaueren Betrachtung besser geeigneten Platz gebracht werden. Solch ein „Rahmen“ wird natürlicherweise von Zweigen, Halmen oder anderen nicht zu weit voneinander entfernten Objekten gebildet. Ein künstlicher Rahmen kann entweder im Handel bezogen oder selbst hergestellt werden. In der Regel bauen Radnetzspinnen ihre Netze in einen solchen Rahmen hinein.

Schneckenbrett

Die meisten Schnecken bevorzugen feuchte dunkle Stellen, um sich tagsüber vor der Sonne zu schützen. Ein einfaches Brettchen, Borkenstück oder ein kaputter Blumentopf, an schattiger Stelle am Boden ausgelegt, wird gerne als sicheres Versteck gewählt. Dreht man dann das entsprechende Verdeck um, kann man in Ruhe die sich eingefundenen Arten betrachten. Hierbei sollte direkt einfallende Sonne unbedingt vermieden werden, da die Hitze den Schnecken schadet.

Will man ein wenig mehr über die Lebensweise einiger Wirbelloser erfahren, kann man sich manche Arten sozusagen ins Wohnzimmer holen. Hierzu sind besondere Behältnisse erforderlich, die im Fachhandel angeboten oder selbst gebaut werden. Nachfolgend sind einige Beispiele aufgeführt.

Schmetterlings-Aufzuchtbehälter

Der Lebenszyklus der Schmetterlinge gehört sicher mit zu den faszinierendsten Phänomenen im Reich der Wirbellosen. Um die Entwicklung vom Ei zum Falter genauestens mitzuerleben, können im Fachhandel Schmetterlings-Aufzuchtbehälter erworben werden. Zusätzlich zu diesen Netzbehältern kann man die Eier sowie geeignetes Futter beispielsweise für Distelfalter bestellen.
Auch im Garten gefundene Eier oder Raupen lassen sich in geeigneten Behältern im Haus halten. Aus größeren Plastikbehältern und starker Folie lassen sich solche Aufzuchtbehälter leicht selbst bauen. Wichtig ist, dass das Material klar durchsichtig ist, sodass man die Raupen auch wirklich sehen kann.

Bauanleitung
Schmetterlings-Aufzuchtbehälter

Material:

- großer durchsichtiger Plastikbehälter
- starke durchsichtige Folie
- festes Klebeband
- Gaze oder feinmaschiger Stoff (Gardine)
- Gummiband

Den oberen Teil des Behälters abtrennen. Starke, durchsichtige Folie am oberen Rand des Behälters befestigen und die Naht mit Klebeband schließen. Nach dem Einsetzen der Pflanzen mit darauf befindlichen Eiern oder Raupen (s.u.) luftdurchlässig mit Gaze oder Netzstoff verschließen.

Gefundene Eier werden mit der Pflanze in den Behälter gebracht, evtl. muss die Pflanze ins Wasser gestellt werden. Wassergefäße müssen mit Pappe, Gaze oder Watte gut verschlossen sein, um zu verhindern, dass die Raupen hineinfallen und ertrinken. Raupen werden ebenfalls auf ihren Futterpflanzen

eingesetzt. Welkes Pflanzenmaterial muss regelmäßig durch frisches ersetzt werden. Hierbei müssen kleine Raupen evtl. vorsichtig umgesetzt werden, z. B. mit einem Haarpinsel. Auch der Raupenkot sollte täglich entfernt werden, um die Ausbreitung von Pilzen zu verhindern. Je nach Lebensweise der Schmetterlinge müssen geeignete senkrechte Strukturen oder Bodensubstrat für die Puppen vorhanden sein. Verpuppen sich die Tiere spät im Jahr, etwa ab September, überwintern sie meistens als Puppe und können aus dem Boden in kleinere, mit Moos gepolsterte Behälter mit luftdurchlässigem Deckel umgesetzt und in kühler Umgebung ungestört aufbewahrt werden. Vor dem Schlupf wird eine Kletter- oder Sitzgelegenheit, z. B. ein verzweigter Ast dazugegeben. Schlüpfende und aushärtende Schmetterlinge auf keinen Fall stören!
Die ausgeschlüpften Schmetterlinge werden dann in die Natur entlassen.
Verschiedene Arten sollten nicht im selben Behälter gehalten werden.

Nachtfalterkästen und Mottenfallen

Nachtaktive Falter genauer zu bestimmen kann ziemlich anstrengend sein. Da man dazu Licht benötigt, flattern die Tiere eher aufgeregt umher anstatt still zu sitzen und sich betrachten zu lassen.

Im Fachhandel sind zahlreiche Modelle von Nachtfalterfallen auf dem Markt, die i.d.R. nicht ganz billig und für den Hausgebrauch auch nicht nötig sind, sondern von Wissenschaftlern verwendet werden. Ein weißes Tuch, mit einer starken Lampe angestrahlt, lockt ebenso Nachtfalter an, und man bekommt einen groben Überblick über die vorkommenden Tiere.

Die Gammaeule ist einer von vielen Nachtfaltern.

Manche Arten, z.B. das Schwarze Ordensband *Mormo maura,* lassen sich nicht in Lichtfallen fangen, hier zeigt eine andere, uralte Methode Wirkung.

Anlocken mit Zuckerlösung
Mit ein wenig mehr persönlichem Aufwand können Nachtfalter auch ohne solche Apparaturen ins rechte Licht gerückt werden. Schon vor Hunderten von Jahren haben Naturforscher süße, duftende Lösungen zum Anlocken von nachtaktiven Faltern verwendet. Eine solche Lösung sollte für Falter besonders energiereich, ätherisch und klebrig sein. Der britische Naturforscher Nick Baker empfiehlt hierzu, eine Mischung aus Zucker, Melasse, Fruchtsaft und dunklem Rum zu erhitzen und unter Rühren Wasser bzw. Zucker zuzugeben, bis eine zähflüssige Masse entsteht. In einer warmen Sommernacht wird die Masse dann mit einem breiten Pinsel an Baumstämme oder Zaunpfosten im Garten gestrichen. Etwa eine Stunde später kann man dann mithilfe einer Taschenlampe nachschauen, wer sich an der süßen Nahrung labt.

Ameisenstein

Zur Beobachtung von Ameisen wird von der Firma Schwegler eine ganz besondere Vorrichtung angeboten, der sogenannte Ameisen-Beobachtungsstein, auf den sogar ein Patent angemeldet wurde. Dieser Trittstein besteht aus wärmespeicherndem Holzbeton und liegt auf einem im Boden verankerten Stahlrahmen. Der Boden im Stahlrahmen ist mit einer durchsichtigen Acrylplatte abgedeckt, sodass der Stein angehoben werden kann, ohne dass das Geschehen darunter beeinträchtigt wird. Vor allem Ameisen und Regenwürmer, aber auch viele andere Tiere lassen sich so kurzzeitig bei ihrem Tun beobachten.

Formicarium

Ebenfalls im Fachhandel erhältlich sind Terrarien für Ameisenkolonien. Ein Formicarium kann man aber auch leicht selbst bauen.

Bauanleitung Formicarium

Material:

- feste Unterlage, z. B. Holzplatte
- schmale Holzlatten
- Gummischlauch
- Knetgummi
- Gips
- Erde
- starke durchsichtige Folie oder Acrylglas
- festes Klebeband

Auf einer festen Unterlage aus schmalen Holzlatten einen Rahmen bauen, der an einer Seite geöffnet ist. Mehrere Zentimeter hinter der Öffnung innerhalb des Rahmens eine weitere Latte befestigen. In diesen Rahmen wird aus Knetmasse ein Gangsystem gebaut, sodass die später mit Gips ausgefüllten Zwischenräume die Wände ergeben. In die Öffnung im Holzrahmen wird der Gummischlauch gelegt und die Öffnung mit Knetmasse ausgefüllt. Die Zwischenräume mit Gips ausgießen. Nachdem der Gips erhärtet ist, die Knetmasse entfernen bis auf den Teil, der den Gummischlauch hält. Die entstandenen Gänge mit trockener Erde füllen. Durchsichtige Abdeckung mit festem Klebeband auf den Behälter kleben, das Ganze mit einem dunklen Tuch bedecken. Ameiseneier, -puppen, Arbeiterinnen und wenn möglich eine Königin aus dem Garten in einen geeigneten, durchsichtigen Behälter mit Deckel übertragen. Im Deckel wird das andere Ende des Schlauchs befestigt, sodass die Ameisen von ihrem Lebensraum „über Tage" in ihr Nest „unter der Erde" gelangen können. Das Formicarium an einem warmen, trockenen Platz aufstellen. Die Ameisen benötigen Zucker, Wasser und Eiweiße, sodass ständig in Zuckerlösung getauchte Watte und lebende oder tote Kleintiere in den Tageslicht-Behälter gegeben werden sollten. Nachdem die Ameisen einige Tage in Ruhe gelassen wurden, kann das Tuch von Zeit zu Zeit zum Beobachten der Kolonie entfernt werden. Nach einigen Wochen sollten die Ameisen wieder in den Garten zurückkehren.

Die dunkel dargestellte Knetmasse hält die Hohlräume für das Ameisennest frei.

Nach Erhärten des Gipses wird die Knetmasse entfernt und die Hohlräume werden mit Erde gefüllt.

Wurmfarm

Natürlicherweise sind Regenwürmer aufgrund ihrer unterirdischen Lebensweise so gut wie nie bei ihrem täglichen Werk zu sehen. Mithilfe einer Wurmfarm kann dem Abhilfe geschaffen werden. Fertige Wurmfarmen werden im Handel angeboten, eine solche Beobachtungsstation lässt sich aber auch relativ leicht selbst bauen.

Bauanleitung Wurmfarm
Material:
- Holzlatten
- Acrylglas
- verschiedene Bodensubstrate und Laub
- dunkler Karton

Zwei durchsichtige Acrylglasplatten vorne und hinten an einem oben offenen Holzrahmen anbringen. In den so entstandenen Hohlraum Böden in möglichst unterschiedlicher Farbgebung schichten und mit Blättern abdecken. Das Ganze ein wenig wässern. Nachdem einige Regenwürmer in den Behälter gesetzt wurden, sollte man die Seiten mit dunklem Karton abdecken sowie einen Deckel auf die obere Öffnung legen. Der Boden sollte immer leicht feucht, aber nie nass sein. Nach mehreren Tagen kann man die Pappe kurzzeitig abnehmen und sehen, wie durch die Tätigkeit der Regenwürmer die einzelnen Bodensubstrate vermengt werden.

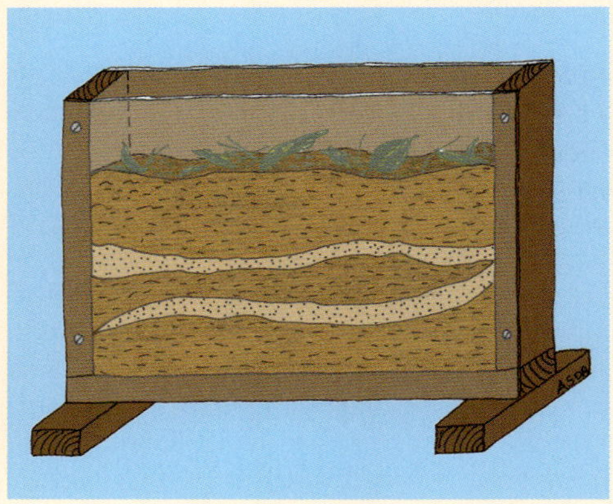

Einige wichtige Regeln

Bei der Erforschung der Wirbellosen im Garten sind einige Regeln zu beachten, schließlich will man ja nur ein wenig teilhaben an den kleinen Wundern der Natur und sie nicht zerstören.

- Tiere möglichst genau da, wo man sie gefunden hat, auch wieder freilassen.
- Steine, Holz und Borke wieder so zurücklegen, wie man sie vorgefunden hat; erst die Verstecke wieder zurechtrücken, dann die Tiere freilassen – sie finden ihren Weg dann schon selbst.
- Fein gebaute oder zerbrechliche Tiere mit einem Pinsel in ein geeignetes Behältnis „fegen“. Ein Paar Löffel können zum Befördern ebenso von großem Nutzen sein, beispielsweise bei kleinen Schnecken oder Asseln, die sich zusammengerollt haben.
- Zum Umdrehen oder Bewegen Zahnstocher benutzen. Pinzetten sind eher ungeeignet, da man den ausgeübten Druck schlecht kontrollieren kann.
- Generell gilt, alles, was durch Zusammendrücken oder Quetschen den Tieren schaden könnte, sollte besser unterlassen werden. Das gilt vor allem auch beim Benutzen der eigenen Finger!

Naturschutz und Citizen Science

Naturschutz und Gärten

Immer wieder wird versucht, die Bedeutung von Gärten für den Naturschutz durch die Aussage zu belegen, dass die Flächenausdehnung von Gärten in Deutschland zusammengenommen etwa so groß ist wie die aller deutschen Naturschutzgebiete. Natürlich hinkt dieser Vergleich. Vor allem seltene und oftmals hinsichtlich ihrer Lebensraumansprüche hoch spezialisierte Arten wird man in Gärten vergeblich suchen.

Der Hochmoorgelbling *Colias palaeno* beispielsweise ist nun einmal auf Moore beschränkt, wo seine Raupen an Rauschbeere *Vaccinium uliginosum* fressen. In Gärten wird man diese Art ebenso wenig finden wie den Eremiten *Osmoderma eremita*, einen Käfer aus der Familie der Rosenkäfer, dessen Larven im durch Schimmelpilze entstandenen braunfaulen Mulm von Baumhöhlen leben. Die entsprechenden Bäume müssen ein Alter von mindestens 150 bis 200 Jahren und einen Stammdurchmesser von 50 bis 100 cm aufweisen. Selbst ausgesprochen naturnahe Gärten bieten derartigen Spezialisten nur in den allerseltensten Fällen einen Lebensraum. Und dennoch sollten Gärten aus naturschutzfachlicher Sicht nicht unterbewertet werden. Als Beispiel für eine seltene, auch in Gärten vorkommende Wirbellosenart sei der Nashornkäfer *Oryctes nasicornis* genannt, dessen Larven immer wieder in Komposthaufen entdeckt werden. Ein weiteres Beispiel ist die Gehörnte Mauerbiene *Osmia cornuta*, die besonders im Frühjahr blumenreiche Flächen mit milden Temperaturen bevorzugt, sodass die Art fast ausschließlich im Siedlungsbereich vorkommt. Das Kleinklima in Gärten und Parks innerhalb von Städten genügt den Ansprüchen der Gehörnten Mauerbiene, die auch in den Zentren von Großstädten zu finden ist. In Stuttgart konnten die Tiere sogar an den Blumenständen der Wochenmärkte beobachtet werden.

Nashornkäferlarven in einem Mistbeet im Hausgarten.

Durch Verzicht auf Chemikalien sowie hohe Strukturvielfalt kann ein großes Spektrum von mehr oder weniger häufigen Wirbellosenarten sowie die eine oder andere Rarität in Gärten gelockt und angesiedelt werden. Sicher ist auch, dass Gärten als Ort der Naturbeobachtung einen hohen Stellenwert einnehmen. Viele überzeugte Naturschützer berichten davon, dass ihre Begeisterung für Tiere und Pflanzen im Garten ihrer Eltern geweckt wurde und sie noch heute viel Freude an der Naturbeobachtung im eigenen Garten haben. Gezielte Anleitung beim Beobachten ist oftmals der Schlüssel zum Entdecken der kleinen Naturwunder, die ein Garten beherbergt.

„Citizen-Science"-Projekte

Traditionell beschäftigen sich, egal ob ehrenamtlich oder hauptberuflich, mehr Interessierte mit Vögeln als mit Wirbellosen. Auch haben die Vereine und Organisationen, die sich mit Wirbellosen beschäftigen, deutlich weniger Mitglieder als die großen Vogelschutz- und vogelkundlichen Verbände. Zu nennen wären hier im deutschsprachigen Raum beispielsweise die Gesellschaft für Angewandte Carabidologie (Laufkäferkunde, GAC, ***www.laufkaefer.de***), die Gesellschaft deutschsprachiger Odonatologen

(Libellenkundler, GdO; ***www.libellula.org***) oder die Deutsche Malakozoologische Gesellschaft (Weichtierkunde, DMG; ***www.dmg.mollusca.de***). Letztere, seit ihrer Gründung in der Molluskensektion des Senckenbergmuseums in Frankfurt am Main angesiedelt, hat nach eigenen Angaben mehr als 250 Mitglieder und wurde bereits im Jahr 1868 in Frankfurt/Main gegründet. Ein Verzeichnis aller entomologischen und arachnologischen Vereinigungen im deutschsprachigen Raum findet sich unter ***www.entomologie.de/vereine.htm***. Neben diesen eher wissenschaftlich ausgerichteten Gesellschaften existieren natürlich auch zahlreiche Arbeitsgruppen innerhalb der großen Naturschutzverbände. Ein Beispiel hierfür ist die Bundesarbeitsgruppe (BAG) Schmetterlinge (https://***www.nabu.de/tiere-und-pflanzen/insekten-und-spinnen/aktivitaeten/schutz.html***) des Naturschutzbundes Deutschland (NABU).

Um Daten in größerem Umfang zu sammeln, aber auch um Interessierten Zugang zu den Kreisen der Experten zu ermöglichen, führen zahlreiche Organisationen sogenannte „Citizen-Science"-Projekte durch. Die treffendste Übersetzung des englischen Begriffes „Citizen Science" bildet wohl das Wort „Bürgerwissenschaften". Hinter diesem etwas umständlichen Ausdruck verbirgt sich die Idee, die Bevölkerung an der Erhebung wissenschaftlicher Daten zu beteiligen oder entsprechende Daten sogar komplett über groß angelegte Aktionen zu erhalten. Daten werden bei Citizen-Science-Projekten dadurch aussagekräftig, dass eine große Zahl von Bürgerinnen und Bürgern umfangreiches Datenmaterial zusammenträgt. Die Themen von Citizen-Science-Projekten liegen meistens in den Bereichen „Häufigkeit und Ausbreitung von Arten" sowie „Wetter". Ein klassisches Beispiel ist die Erfassung phänologischer Daten. Unter dem Begriff „Phänologie" versteht man die Wissenschaft der jahreszeitlich bedingten Erscheinungen bei Lebewesen, wie z. B. Blütenaustrieb und Samenreife bei Pflanzen oder Fortpflanzung und Wechsel der Aufenthaltsorte bei Tieren. Die Beobachtungen ehrenamtlicher Mitarbeiterinnen und Mitarbeiter zum Austreiben verschiedener Baumarten im Frühjahr zählen seit Jahrzehnten zu wichtigen Citizen-Science-Daten. Auch in der Vogelkunde haben Citizen-Science-Projekte seit Langem ihren festen Platz. Genannt seien hier nur die von NABU und LBV jährlich durchgeführten Mitmachaktionen „Stunde der Wintervögel" und „Stunde der Gartenvögel". Citizen-Science-Projekte sind vor allem in Großbritannien, den USA und Kanada sehr beliebt. Die Dateneingabe per Internet hat in der jüngsten Vergangenheit dazu geführt, dass Citizen-Science-Projekte auch mit großen Teilnehmerzahlen immer effektiver und schneller abgewickelt und ausgewertet werden können.

Wie gut sind die Daten von Citizen-Science-Projekten?
Immer wieder wird kritisiert, dass im Rahmen von Citizen-Science-Projekten die Datenqualität nicht kontrolliert werden kann. Auch wenn dies sicherlich zutrifft, hat es sich gezeigt, dass durch die oftmals immense Zahl von Teilnehmerinnen und Teilnehmern Einzelfehler „korrigiert" werden. Ungenauigkeiten, die etwa durch unterschiedliche Wetterbedingungen bei der Datenerhebung oder Fehlbestimmungen entstehen, werden in einem Pool vieler richtiger Daten weitgehend minimiert. Voraussetzung ist eine große Teilnehmerzahl. Hierfür ist es wichtig, die Datenerhebung möglichst einfach und wenig zeitaufwendig zu gestalten. Die Genauigkeit der Daten darf aber auch nicht überschätzt werden. Wissenschaftliche Studien können durch Citizen-Science-Projekte nicht gleichwertig ersetzt werden. Citizen-Science-Projekte eignen sich nicht für alle Themen, sie sind jedoch eine hervorragende Methode zur Beantwortung bestimmter Fragestellungen, unter Einbeziehung weiter Bevölkerungskreise.
Im Vergleich etwa zu Vögeln oder Pflanzen gibt es nur wenige Citizen-Science-Projekte im Bereich „Wirbellose". Die genaue Bestimmung einzelner Wirbellosenarten ist oft schwierig, sodass wissenschaftliche Erhebungen meist den Experten überlassen bleiben.

Mitmachaktionen für Kinder und Jugendliche

Erlebter Frühling

Die wohl bekannteste Mitmachaktion für Kinder im deutschen Naturschutz ist der „Erlebte Frühling", eine Gemeinschaftsaktion von Naturschutzjugend im NABU (NAJU) und LBV Jugend. Bereits seit über zwanzig Jahren werden jedes Jahr Schulklassen, Kindergruppen und Einzelpersonen bis 13 Jahre aufgerufen, das erste Auftreten oder bestimmte Verhaltensweisen von mehreren Frühjahrsboten zu erfassen. In der Vergangenheit standen dabei meist vier jährlich wechselnde Frühjahrsboten im Fokus.
Seit dem Jahr 2019 werden kleine Forscherinnen und Forscher nach dem Motto „Raus aus dem Haus, rein in die Natur!" dazu eingeladen, im Lebensraum des Vogels des Jahres nach Frühlingsboten zu suchen und Tiere und Pflanzen zu erforschen. Frühlingsboten können aus einer Vorschlagsliste ausgewählt oder neue hinzugefügt werden, dabei sind auch immer Wirbellose vertreten. Neben Steckbriefen dürfen auch ganz unterschiedliche Materialien für den Wettbewerb angemeldet werden, z. B. Forschertagebuch, Basteleien, Foto/Film oder Gedichte, Hörspiele uvm. (***www.erlebter-fruehling.de, www.naju.de/kinderbereich/erlebter-frühling***)

Informationsstände und Mitmachaktionen sind wichtige Instrumente des Naturschutzes um Interesse zu wecken.

Naturdetektive

Weit weniger bekannt, dafür aber sehr viel umfangreicher, sind die „Naturdetektive" des Bundesamtes für Naturschutz (BfN). Das Projekt soll das „internationale Übereinkommen der Vereinten Nationen über die Biologische Vielfalt in der Öffentlichkeit bekannt machen". Das „Übereinkommen über die biologische Vielfalt" (engl.: Convention on Biological Diversity, CBD) wurde auf dem Umweltgipfel 1992 in Rio de Janeiro zusammen mit der Klima- und Wüsten-Konvention erstmals der Weltgemeinde vorgestellt. Es verfolgt drei gleichrangige Ziele:

- Schutz der biologischen Vielfalt,
- nachhaltige Nutzung ihrer Bestandteile und
- Zugangsregelung und gerechter Ausgleich von Vorteilen, welche aus der Nutzung genetischer Ressourcen entstehen

Zum besseren Verständnis und als Beitrag zur Erreichung dieser Ziele hat das Bundesamt für Naturschutz im Jahr 1998 das interaktive Projekt „Naturdetektive" eingerichtet. Erfahrungsaustausch, Kommunikation, Interaktion, Selbermachen und Beobachten stehen im Vordergrund des Projektes.
Über verschiedene Aufträge, Aufgaben, Rätsel und Spiele lernen die Kinder Tier- und Pflanzenarten kennen. Es gibt u.a. Fotowettbewerbe, ein Hör-Lexikon mit wechselnden Themen, Aktionsleitfäden für Erwachsene sowie Links zu anderen Citizen-Science-Projekten, die sich mit der Natur beschäftigen.
Weitere Informationen unter ***www.naturdetektive.de***.

Der Einzug der Admirale nach Europa kann auf einer Karte im Internet verfolgt werden.

Aktionen zum Sammeln wissenschaftlich genutzter Daten

Citizen-Science-Projekte sind insbesondere wertvoll, um den Bestandstrend und die Verbreitung von einzelnen Arten zu dokumentieren. Dies ist beispielsweise im Hinblick auf durch den Klimawandel ausgelöste Entwicklungen wichtig. Weiterhin kann im Rahmen von Citizen-Science-Projekten die Ausbreitung von eingeschleppten Arten oder Evolution vor der Haustüre verfolgt werden. Im Folgenden werden einige Beispiele für derartige laufende und abgeschlossene Projekte vorgestellt.

Tagfalter Monitoring

Gleich mehrere Institutionen und Organisationen, darunter das Helmholtz Zentrum für Umweltforschung (UFZ), der Naturschutzbund Deutschland (NABU), der Bund für Umwelt und Naturschutz Deutschland (BUND), das Bundesamt für Naturschutz (BfN) und Butterfly Conservation Europe haben sich zum Ziel gesetzt, die Verbreitung und Bestandsentwicklung von Schmetterlingen in Deutschland mithilfe von Freiwilligen zu dokumentieren. Wie in zahlreichen anderen europäischen Ländern erfassen ehrenamtliche Mitarbeiterinnen und Mitarbeiter hierzu bei wöchentlichen Begehungen entlang festgelegter Strecken (Transekte) alle tagaktiven Schmetterlinge. Nähere Informationen finden sich unter ***www.tagfalter-monitoring.de***.

Insektensommer

Aufgrund der dramatischen Insektenrückgänge der letzten Jahre hat der NABU 2018 ein neues Citizen-Science-Projekt ins Leben gerufen. Mithilfe der Bevölkerung sollen beim „Insektensommer" zweimal im Jahr, im Juni und im August, bestimmte und weitere Insektenarten erfasst werden. In einem jährlich festgelegten Zeitfenster zählen die Teilnehmer – möglichst an einem sonnigen, warmen, trockenen und windstillen Tag, in ihrem Garten oder Park die jeweils höchste Anzahl aller in einem Umkreis von etwa 10 m entdeckten Insektenarten. Dabei können Steine, Blumentöpfe oder Holzteile durchaus auch umgedreht und darunter geschaut werden. Mit Blick auf die Vergleichbarkeit der jährlichen Beobachtungen soll dabei auf 16 in Deutschland häufig vorkommende Arten besonders geachtet werden. Unter diesen 16, auf den Meldebögen abgebildeten Arten sind vier Tagfalter (Admiral, Tagpfauenauge,

Schwalbenschwanz, Kleiner Fuchs), drei Wildbienen (Ackerhummel, Steinhummel, Holzbiene), zwei Käfer (Asiatischer Marienkäfer, Sieben-Punkt-Marienkäfer), zwei Wanzen (Lederwanze, Streifenwanze), die Hainschwebfliege, die Florfliege, die Blutzikade und die Blaugrüne Mosaikjungfer als Libellenart sowie das Grüne Heupferd als Laubschrecke.
Mit der kostenlosen NABU-App „Insektenwelt" kann man die häufigsten heimischen Insekten bestimmen, kartieren und melden. Besonderheiten sind die fotografische Erkennungsfunktion sowie die Verknüpfung mit der NABU-Aktion „Insektensommer" und ***www.naturgucker.de***. Unter ***www.naturgucker.de*** werden Mitmachaktionen zum Sammeln von Daten auch für andere Tier- und Pflanzenarten als Insekten angeboten. Die Plattform dient zudem der Bestimmung von Arten und hat Archivfunktion.
Im ersten Jahr der Aktion (2018) beteiligten sich 18.000 Menschen mit über 7.300 Beobachtungen in ganz Deutschland am „Insektensommer". Die Ergebnisse werden vom NABU ausgewertet und zeitnah veröffentlicht. Es hat sich bereits gezeigt, dass bei der ersten Etappe im Juni 2019 etwa 40 % weniger Falter gesehen wurden als im Vorjahr, die Schwarze Holzbiene dafür dreimal so häufig. Spannend wird es, wenn Datensätze aus mehreren Jahren vorliegen und miteinander verglichen werden können.
Alle Informationen unter ***www.insektensommer.de***

Bestandserfassung Harlekin-Marienkäfer

In Deutschland ist der aus Ostasien eingeschleppte Harlekin-Marienkäfer *Harmonia axyridis* mittlerweile flächendeckend zu finden. Auch in Großbritannien konnten die Käfer sich etablieren, hier konnte die fortschreitende Einwanderung sogar per Internet mitverfolgt werden. Die Bevölkerung war dazu aufgerufen, Beobachtungen von Harlekin-Marienkäfern bei der eigens für die Art eingerichteten Stelle „Harlequin-Ladybird Survey" zu melden. Auf der Website werden u. a. die Unterschiede und Verwechslungsmöglichkeiten zu heimischen Marienkäferarten ausführlich dargestellt. Eine regelmäßig aktualisierte Karte zeigte die momentane Ausbreitung des Harlekin-Marienkäfers in Großbritannien. Die Erfassung der Ausbreitung des Harlekin-Marienkäfers in Großbritannien ist ein hervorragendes Beispiel für ein sinnvolles, aussagekräftiges Citizen-Science-Projekt. Ohne die Mithilfe zahlreicher Freiwilliger wäre es nicht möglich gewesen, in so kurzer Zeit einen Überblick über die rasend schnelle Entwicklung zu erhalten. Die Ergebnisse der bis 2015 laufenden Aktion sind unter ***http://www.coleoptera.org.uk/coccinellidae/home***, UK Ladybird Survey, einsehbar.

Evolution der Bänderschnecke

Eine spannende Mitmachaktion zum Thema Schnecken wurde unter dem Namen „Evolution MegaLab" am 200. Geburtstag von Charles Darwin, dem 12. Februar 2009, ins Leben gerufen. Das europaweite Projekt wird im deutschsprachigen Raum unter anderem vom Helmholtz-Zentrum für Umweltforschung (UFZ), dem Naturschutzbund Deutschland (NABU), dem Museum für Naturkunde Berlin und dem Schweizer Vogelschutz SVS/BirdLife Schweiz unterstützt. Im Prinzip ging es bei dem bis 2011 laufenden Projekt darum, ganz nach Charles Darwin Evolutionsprozesse bei zwei Schneckenarten, der Hain-Bänderschnecke oder Schwarzmündigen Bänderschnecke *Cepaea nemoralis* und der Garten-Bänderschnecke oder Weißmündigen Bänderschnecke *Cepaea hortensis,* in Echtzeit zu verfolgen. Anhand von möglichst vielen Schneckenhäusern sollte untersucht werden, wie sich die Tiere an Klimawandel und Fressfeinde angepasst haben.

Beide genannten Schneckenarten kommen in verschiedensten Lebensräumen zwischen Norwegen und Spanien vor. Auch in Gärten sind die beiden Arten zu finden. Die Färbung ihrer Gehäuse reicht von gelb über rosa und rotorange bis braun mit bis zu fünf Bändern oder ganz ohne Band. Damit tarnen sich die Bänderschnecken in ihren unterschiedlichen Lebensräumen unter anderem vor der Singdrossel, von der sie gefressen werden. Die Farbe des Schneckenhauses ist auch wichtig für den Temperaturhaushalt der Schnecke. Dunkle Schnecken werden im Licht schneller warm als helle. In kühlen Gegenden sind daher mehr dunkle Schneckenhäuser zu finden. Unterschiedlich gefärbte Schnecken sind besser bzw. weniger gut an ihre Umgebung angepasst, sodass über natürliche Auslese nur noch die besser an den entsprechenden Lebensraum angepassten Individuen überleben und diese Eigenschaften an ihre Nachkommen weitergeben. Die Zahl der Bänder und die farbliche Anpassung der Bänderschnecken an Lebensraum und Klima sind Beispiele für Evolution. Freiwillige Beobachter in ganz Europa versuchten zu beantworten, ob sich die Schnecken bereits an die höheren Temperaturen im Zuge des Klimawandels angepasst haben. Angaben zu Schneckenbeobachtungen einschließlich Farbe, Anzahl der Bänder, Fundort etc. konnten über das Internet eingegeben werden. Auf der Internetseite wurde die Verteilung der Gehäusefarben in Europa dargestellt. Artbeschreibungen sowie Hinweise zur Bestimmung und viel Wissenswertes zu Bänderschnecken sind immer noch unter ***www.evolutionmegalab.org verfügbar***.

Beobachtungen im eigenen Garten

Der eigene Garten bietet eine Fülle von Möglichkeiten, Wirbellose zu beobachten. Die Beispiele reichen vom Studium einzelner Artengruppen oder Arten, deren Vorkommen, Lebensraum und Verhalten über den Vergleich der Erstankunft bzw. erstes Auftreten von Hummeln, Tagfaltern oder Marienkäfern zwischen mehreren Jahren bis hin zu Vergleichen der Wirbellosenwelt im eigenen Garten mit der anderer Lebensräume.

Ausschlaggebend ist dabei jedoch immer, dass die Beobachtungen schriftlich festgehalten und Daten so vergleichbar gemacht werden. Nachfolgend sind nur einige wenige Beispiele zum Erfassen von Daten aufgezeigt – der Neugier sind hier keine Grenzen gesetzt.

Jahreserstbeobachtungen einzelner Insekten

Im Hinblick auf die ablaufende Klimaveränderung ist ein Vergleich der Erstankunft einzelner Insekten wie Hummeln, Maikäfer oder Schmetterlinge sehr interessant. In einer Tabelle werden das Datum der ersten Sichtung der entsprechenden Art sowie gegebenenfalls besondere Beobachtungen wie z. B. an welcher Blume, bei welcher Witterung oder zu welcher Tageszeit ein Tier beobachtet wurde, eingetragen. Über mehrere Jahre geführt kann eine solche Erfassung interessante Aufschlüsse geben.

Art	Jahr ________	Jahr ________	Jahr ________	Jahr ________
Tagpfauenauge				
Admiral				
Distelfalter				

Wirbellose im Jahresverlauf

Die Erfassung von Teilen der Wirbellosenwelt im eigenen Garten während des Jahres ist eine weitere Datensammlung, die Vergleiche zwischen den Jahren ermöglicht. In regelmäßigen Abständen werden an Tagen mit vergleichbarer Witterung alle im Garten beobachteten Arten notiert. Die Liste wird wahrscheinlich für die Sommermonate länger sein als im Winter und zeigt auch das jahreszeitliche Muster im Auftreten einzelner Arten oder Gruppen.

Datum	beobachtete Arten	Datum	beobachtete Arten

Schneckenarten im eigenen Garten

Eine andere relativ leicht zu beobachtende Tiergruppe sind die Schnecken. Welche Arten kommen in welcher Zahl im Garten vor, sind seltene Arten dabei? Markierte Gehäuseschnecken zeigen die Nutzung unterschiedlicher Bereiche im Garten wie z. B. die Aufenthaltsorte während der Tage oder bei trockenem, heißem Wetter (s. auch „Schnecken", S. 36). Ein „Schneckentagebuch" eignet sich zum Festhalten von Beobachtungen auf zufälligen oder geplanten Spaziergängen, die dann mit der Schneckenwelt vor der eigenen Haustür verglichen werden können.

Art	Datum	Anzahl	Lebensraum
Weinbergschnecke			
Gefleckte Schnirkelschnecke			
Garten-Bänderschnecke			

Markierte Schnecke	Datum	Aufenthaltsort	Vergesellschaftet mit … (anderen Arten, Anzahlen)

Schmetterlingsarten an Blühpflanzen

Die Hochzeit für Schmetterlinge liegt zwischen dem 1. April und dem 31. Oktober. Die Arten und Anzahlen von Schmetterlingen an ausgewählten Pflanzen zu erfassen, gibt nicht nur Aufschlüsse über das im Garten vorkommende Artenspektrum, sondern zeigt auch das Angebot an Blüten im Jahresverlauf auf. Vielleicht kann aufgrund solcher Beobachtungen die Struktur im Garten sogar noch verbessert werden. Auch andere Nektar saugende Insekten können erfasst werden. Die Liste der Pflanzen ist natürlich für jeden Garten unterschiedlich.

Pflanze	Datum	beobachtete Arten	Datum	beobachtete Arten
Narzissen				
Weide				
Obstbaum				

Wetter und Wirbellose

Sehr interessant ist auch der Vergleich der zu beobachtenden Wirbellosen bei unterschiedlicher Witterung. Während an trockenen, sonnigen Tagen sicher mehr Schmetterlinge, Schwebfliegen, Bienen und Hummeln aktiv sind, erhält man an Regentagen Einblicke in die Vielzahl an Schnecken und Regenwürmern, die im eigenen Garten leben. Wichtig ist hierbei natürlich auch die Jahreszeit.

Datum, evtl. Uhrzeit	Witterung	beobachtete Arten

Besondere Beobachtungen

In einem Formblatt „Besondere Beobachtungen" können einmalige oder eher zufällig bemerkte Ereignisse wie z. B. der Hochzeitsflug von Ameisen, die Eiablage einer Schnecke oder der Besuch eines seltenen Schmetterlings im Garten eingetragen werden. Eine solche Sammlung dient nicht unbedingt Vergleichszwecken, sondern vielmehr dem Festhalten dieser besonderen Beobachtungen.

Datum	besondere Beobachtung

Anhang

Interessante Internetseiten

Naturschutzbund Deutschland (NABU): www.nabu.de
Landesbund für Vogelschutz in Bayern (LBV): www.lbv.de
Bund für Umwelt und Naturschutz Deutschland (BUND): www.bund.net
„Erlebter Frühling", Aktion von Naturschutzjugend (NAJU) und LBV Jugend: www.erlebter-fruehling.de
„Naturdetektive", Projekt des Bundesamtes für Naturschutz: www.naturdetektive.de
„Insektensommer", Mitmachaktion zum Rückgang der Insekten: www.insektensommer.de
Tagfalter Transsektzählungen: www.tagfalter-monitoring.de
Alles über Schmetterlinge: www.schmetterling-raupe.de
Die lebende Welt der Weichtiere: www.weichtiere.at
Beispiele für Eingabemöglichkeiten von eigenen Beobachtungsdaten: www.naturgucker.de
Gesellschaft für Angewandte Carabidologie (Laufkäferkunde, GAC): www.laufkaefer.de
Gesellschaft deutschsprachiger Odonatologen (Libellenkundler, GdO): www.libellula.org
Deutsche Malakozoologische Gesellschaft (Weichtierkunde, DMG): www.dmg.mollusca.de).
Bundesarbeitsgruppe (BAG) Schmetterlinge: www.nabu.de/tiereundpflanzen/insektenundspinnen/schmetterlinge/bagschmetterlinge/
Auflistung entomologischer und arachnologischer Vereinigungen im deutschsprachigen Raum: www.entomologie.de/vereine.htm.

Wichtige Adressen

NABU – Naturschutzbund Deutschland e.V.
Charitéstraße 3
D-10117 Berlin
Tel. 030-2849840
Fax 030-2849842000
NABU@NABU.de
www.nabu.de

LBV – Landesbund für Vogelschutz in Bayern e.V.
Eisvogelweg 1
D-91161 Hilpoltstein
Tel. 09174-4775 0
Fax 09174-4775 75
info@lbv.de
www.lbv.de

BUND – Bund für Umwelt und Naturschutz Deutschland
Bundesgeschäftsstelle
Am Köllnischen Park 1
D-10179 Berlin
Tel. 030-275864 0
Fax 030-275864 40
bund@bund.net
www.bund.net

Literatur

Baker, N. (2004): The First-time Naturalist. Harper Collins Publishers Ltd., London.

Baker, N. (2006): Habitat Explorer Gardens and Parks. Harper Collins Publishers Ltd., London.

Baker, N. (2006): Nick Baker's Bug Book. New Holland Publishers Ltd., London.

Bellmann, H. (2016): Der Kosmos-Schmetterlingsführer. Franckh-Kosmos Verlag, Stuttgart.

Bellmann, H. (1987): Libellen beobachten – bestimmen. Neumann–Neudamm, Melsungen.

Bishop, O. (1987): Kleine Tiere selbst erforscht. Franckh, Stuttgart.

Burnie, D. (2005): Bug hunter. DK Nature Activities. Dorling Kindersley Ltd., London.

Carter, D.J. & B. Hargreaves (1987): Raupen und Schmetterlinge Europas und ihre Futterpflanzen. Parey, Hamburg.

Chinery, M. (1986): Pareys Buch der Insekten. Verlag Paul Parey, Hamburg.

David, W. (2018): Fertig zum Einzug: Nisthilfen für Wildbienen. Pala-Verlag, Darmstadt.

Günzel, W.R. (2008): Das Wildbienenhotel. Pala-Verlag, Darmstadt.

Haft, J. (2019): Die Wiese. Lockruf in eine geheimnisvolle Welt. Penguin Verlag, München.

Hallmann, C. A., M. Sorg, E. Jongejans, H. Siepel, N. Hofland, H. Schwan et al. (2017): More than 75 percent decline over 27 years in total flying insect biomass in protected areas. PLoS ONE 12 (10): e0185809.

Hart, M., I. Selberg, M. Stephens, S. Swallow, S. Tarsky & R. Thomson (1997): The Usborne Nature Trail Book. Usborne Publishing Ltd.

Hemmer, C. & C. Hölzer (2017): Wir tun was für Bienen. Franckh-Kosmos Verlag, Stuttgart.

Jako-o (2001): Unsere Natur erforschen und erleben. Jako-o GmbH, Bad Rodach.

Kern, S. (2017): Mein Garten summt. Ein Platz für Bienen, Schmetterlinge und Hummeln. Franckh-Kosmos Verlag, Stuttgart.

Kleinod, B. (2013): Nachts in meinem Garten. Pala-Verlag, Darmstadt.

Richarz, K. & M. Hormann (2008): Nisthilfen für Vögel und andere heimische Tiere. Aula-Verlag, Wiebelsheim.

Sauer, F. (1986): Heimische Nachtfalter – nach Farbfotos erkannt. Fauna-Verlag, Karlsfeld.

Sauer, F. (1988): Wasserinsekten – nach Farbfotos erkannt. Fauna-Verlag, Karlsfeld.

SAUER, F. (1997): Die schönsten Spinnen Europas – nach Farbfotos erkannt. Fauna-Verlag bei Verlag E. Schliermann, Nottuln.

SCHÄFFER, A. & N. SCHÄFFER (2020): Gartenvögel rund ums Jahr. Beobachten – Ansiedeln – Füttern. Aula-Verlag, Wiebelsheim.

SCHEUCHL, E. & W. WILLNER (2016): Taschenlexikon der Wildbienen Mitteleuropas. Quelle & Meyer Verlag, Wiebelsheim.

STURM, P., A. ZEHM, H. BAUMBACH, W. VON BRACKEL, G. VERBÜCHELN, M. STOCK & F. ZIMMERMANN (2018): Grünlandtypen. Erkennen-Nutzen-Schützen. Quelle & Meyer Verlag, Wiebelsheim.

STERREY, P. (1997): Complete British Wildlife. Harper Collins Publisher Ltd., London.

WALKER, R. (2006): Nature ranger. DK Nature Activities. Dorling Kindersley Ltd., London.

WHITTLEY, S. (2008): Gardenwatch. New Holland Publishers Ltd., London.

Bildnachweis

Bellmann, H.: 28 u., 42, 44 u.li., 44 u.re., 47 re., 49 o., 51 o., 54 u., 55 m., 55 u., 67, 68 o., 68 u., 121 o., 130 o., 137 u., 139 u., 140 u., 165 li., 165 re.
Bria, C.: 158
Bria, P./LBV Bildarchiv: 170 u.
Firma Schwegler: 23 re., 159, 176
Fitzlaff, R.: 179
Pixabay/Didgeman: 166
Pixabay/Kathy2408: 41 u.
Pixabay/menita: 175
Schulze, K.: 32, 65 o., 99 o.li., 99 u., 138 m., 182
Stahl, G.: 19, 145 o.
Willner, W.: 11, 12, 13 o.li., 13 o.re., 17, 19 re., 21, 22 li., 22 re., 23 li., 24, 25, 26 o., 26 u., 27, 28 o., 37, 40, 41 o., 43 o., 43 m., 43 u., 44 o.li., 44 o.re., 45 o.re., 45 u.li., 45 u.re., 47 li., 48 o., 48 u., 49 u., 51 u., 52 o., 54 o., 55 o.li., 55 o.re., 56, 57, 60 u., 61, 63 o., 63 u., 64 o., 64 m., 64 u., 65 m., 65 u., 66 o., 66 u., 70 o., 70 u., 71, 74, 75, 76 o.li., 76 o.re., 76 u., 78 o., 78 u., 79 o., 79 u., 80 m., 80 u., 81, 82 o., 82 u., 83 o.li., 83 o.re., 83 u.li., 83 u.re., 84 o., 84 u.li., 84 u.re., 85 o., 85 u., 86 li., 86 re., 87 li., 87 re., 88 o., 88 u., 89 li., 89 re., 90 m.li., 90 m.re., 90 u.li., 90 u.re., 91 o., 91 u., 93 o., 93 m., 93 u., 94 o.li., 94 o.re., 94 u.li., 94 .re., 95 o., 95 u., 96 o., 96 u., 97 o., 97 u.li., 97 u.re., 98 o., 98 u., 99 o.re., 100 o., 100 u., 101 o., 101 u.li., 101 u.re., 102 li., 102 m., 102 re., 103 o.li., 103 o.re., 103 u., 104 o., 104 u., 105 o., 105 u., 106 o.li., 106 u.re., 106 u.li., 107, 108 o., 108 u., 109 u.li., 109 u.re., 110 o., 110 u., 112, 113, 114 o., 114 u., 115, 116 o.li., 116 o.re., 116 u., 117, 118, 120 o., 120 u., 121 m., 121 u., 122 o., 122 u., 124, 126, 127 o., 127 u., 128 o., 128 u., 129 o., 129 m., 129 u., 130 u., 131, 132 o., 132 m., 132 u., 133, 134, 135 o.li., 135 o.re., 135 u.li., 135 u.re., 136, 137 o., 137 m., 138 o., 138 u., 139 o., 140 o., 140 m., 141 li., 141 re., 142 o., 142 u., 146 re., 147, 162 o., 162 u., 163 li., 163 re.

Alle übrigen Fotos und Zeichnungen stammen von den Autoren.